总有一天，
你会对着过去的
伤痛微笑

文　捷◎编著

这世间，
太少的相濡以沫，
太多的相忘于江湖……

我们曾经深深地爱过一些人，
爱的时候，
把朝朝暮暮当作天长地久，
把缠绵一时当作被爱了一世。

于是承诺，
于是奢望执子之手，幸福终老。

然后一切消失了，
我们终于明白，
天长地久是一件多么可遇而不可求的事情，
幸福是一种多么玄妙、多么脆弱的东西。

也许爱情与幸福无关，
也许这一生最终的幸福与心底最深处的那个人无关，
也许将来的某一天，
我们会牵住谁的手，
一生细水长流地把风景看透。

中国华侨出版社

图书在版编目（CIP）数据

总有一天，你会对着过去的伤痛微笑 / 文捷编著.
— 北京：中国华侨出版社，2014.2
ISBN 978-7-5113-4458-8

Ⅰ．①总… Ⅱ．①文… Ⅲ．①人生哲学－通俗读物
Ⅳ．①B821-49

中国版本图书馆 CIP 数据核字（2014）第 037360 号

● 总有一天，你会对着过去的伤痛微笑

编　　著 / 文　捷
责任编辑 / 筱　雁
责任校对 / 钱志刚
装帧设计 / 昇昇设计
经　　销 / 新华书店
开　　本 / 710 毫米×1000 毫米　1/16　印张 /15.5　字数 /174 千字
印　　刷 / 北京军迪印刷有限责任公司
版　　次 / 2014 年 4 月第 1 版　2020 年 5 月第 2 次印刷
书　　号 / ISBN 978-7-5113-4458-8
定　　价 / 48.00 元

中国华侨出版社　北京市朝阳区静安里 26 号通成达大厦 3 层　邮编：100028
法律顾问：陈鹰律师事务所　　　　　编辑部：(010) 64443056　　64443979
发行部：(010) 64443051　　　　　传　真：(010) 64439708
网　址：www.oveaschin.com　　E - mail：oveaschin@sina.com

水仙花

丁香花

百合花

太阳花

康乃馨

紫木兰

玫瑰花

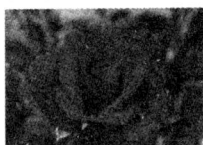

木槿花

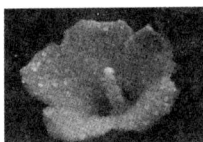

水莲花

山茶花

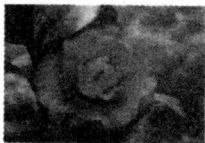

腊 梅

雪莲花

水仙花

三年了，

分手这么久突然很想念他。

打开 QQ 查找，

输入那个久违了却熟悉得不能再熟悉的 QQ 号。

一个验证加友问题：

我的小宝宝叫什么？

她愣了，

尝试自己所有的名字可能的写法，

都不对。

她想他也许结婚了吧。

第二天她又尝试一次，

这一次她对了：

当年他们共同取的孩子的名字……

有一种永远，叫永不再见

总有一天，你会对着过去的伤痛微笑。你会感谢离开你的那个人，他配不上你的爱、你的好、你的痴心。他终究不是命定的那个人。幸好他不是。

——张小娴

他被女友抛弃了，她是趁他上班时走的，留下一封简短的信，要他不要找她，她再也不回来了。

突然的变故把他弄傻了，呆呆地望着空空的家，相爱的五年变成支离破碎的片断，像锋利的玻璃碴子扎着他的心。

他找遍了所有她有可能去的地方，打坏了一个手机，终于探到了一点信息，她还在本市，和另一个男人在一起。

从未有过的失败感挫伤了他的心，五年啊，他一心一意，那么地爱她，待她那么好，她却用爱上别人的方式辱没了他。

愤怒像迅速膨胀的气球在他身体里生长，他疯了一样地找她，已不再是为了挽救灰飞烟灭的爱，而是为了和她一起玉石俱焚地毁灭。反正他不打算活了，也就不要什么未来了，索性辞了职，哪怕挖地三尺也要找到她。

　　他只知道她住在某个小区，不知道确切地址，这难不倒他。他带着她的照片，去那个小区转悠，逢人就拿出照片问，饿了就去小区入口处的一家小饭馆吃点东西。

　　饭馆很小，十平方米左右的店面里摆了六张铺着绿色桌布的桌子，看上去干净而素雅，和它的主人气质很相符，那是位脸上总挂着暖暖笑容的年轻女子，一身兼了老板和服务生、洗碗工等多个角色。

　　第一次到小区，他就问过她，她看了看照片，很抱歉地说没见过。

　　那一次，他要了一盘清炒竹笋，吃着吃着，就落了泪，这道菜，因为他爱吃，女友已操练到炉火纯青，可现在，他买的鲜笋都烂在了厨房里，再也没人烧给他吃了，他觉得那些烂掉的竹笋就像他的人生，因为女友的离去而彻底毁了。

　　时间一天天过去，没人告诉他她在哪里，焦虑像泼在怒火上的油，让他更加狂躁更加执着，胡子长了衣服也脏了，使他看上去就像个愤怒的疯子。

　　那天，他在小区转了一会儿，天下起了雨，他没带伞，雨水淋在身上，像他的心，又冷又硬，当他徘徊在雨里犹豫着是继续找还是回家时，遇上了饭馆的女主人，她愣了一下就把伞擎到他头上说：秋雨太冷，会把人淋出病来的，快到店里避一会儿。

　　然后，不由分说地把他拽进店里，按到凳子上，又让厨师给他烧了碗姜汤。

　　那碗热热的姜汤好像把他的心烘暖了，他的眼，慢慢潮湿，女子坐到他对面，细声轻语地问他要找的人找到了没。他摇了摇头。

女子就问：她是你什么人？

他不想说，闷着头抽烟。她就笑了笑：把心事说出来也许你会轻松点。

他突然有点不好意思，就把女朋友弃自己而去以及自己为什么要找她一一说了。

女子说：这样啊。

他瞪了她一眼，觉得她轻描淡写的口气有点嘲笑的意味，女子笑着说：给你讲讲我的故事吧。

然后，他就知道了女子是来自山东乡下的一个小镇，17岁时，和来她家做帮工的小伙子一见钟情。因为小伙子家太穷，父母死活不同意。次年春天，她和小伙子的私奔事件成了小镇的轰动性新闻。她原以为从此以后将和心爱的人过上幸福甜蜜的生活，可事实并不是这样的。三年后，那个信誓旦旦要爱她一辈子的人另有所爱，人间蒸发一样抛下她走掉了。那段日子糟透了，身在异乡，举目无亲，想回老家，可一想当初轰轰烈烈地私奔，如今却落得灰头土脸一个人回，还不知会被人嘲笑成什么样呢。她想到过死，也曾有过和他一样的想法，找到小伙子和他同归于尽。最终，她还是熬过了被抛弃的痛苦煎熬，选择一个人勇敢地生活。于是，来到青岛，她捡过垃圾做过清洁工，最后，在这家小店做了服务员，一干就是几年。有了积蓄的小店老板另起炉灶开了家大店，就把小店转给她了，因为她的小店饭菜干净服务态度好，生意很是红火，更令她备感幸福的还是遇到了深爱她的丈夫。

她说：我非常感谢他对我的抛弃，不然，我现在还在天寒地冻的东北山区做农忙短工，永远不会有机会和幸福相遇。

他有些茫然地看着她：可是，我恨她，我们说过要永远……可她太自私了，把我扔给痛苦，一个人拥抱幸福去了。

我也有过这样的想法，你怎么不想想，她抛下你去拥抱幸福，同时也给了你机会呀，你也可以重新寻找幸福。

我还会有幸福吗？他问。

当然会有，你看，现在的我，不就很幸福吗？记得有位作家说过，有一种永远是永不再见，失去是为了更好的开始。

他怔怔地望着窗外，雨已停了，小区的街道干净而宁静。

别找她了。她伸出手，等他来握：我就是例子，以后会更好，重新开始吧。

他握住她伸来的手，重重点头，把女友的照片放在桌上：如果你看见她，帮我还给她。

我还会替你谢谢她，因为她给了你重新寻找幸福的机会。

他诚挚地笑了笑，起身走了。

望着他的背影，女子回头望着站在厨房门口的男子，笑了。是的，她撒了谎，他们确实是为爱私奔了，但，她却从未遭到过抛弃，他们一直相亲相爱地生活在一起。可，如果谎言能够让一个正在走向犯罪的人生转向光明，我们为什么不能勇敢地不真诚一次？让谎言的花，结个美丽的果子。

那些年，闯进生命中温暖过你的人

> 每个人一生之中心里总会藏着一个人。这个人始终都无法被谁所代替，而他就像一个永远无法愈合的伤疤，无论在什么时候，只要被揭起，或者轻轻一碰，就会隐隐作痛。

1

两个人其实已经分手很久了，但因为是学生时代的爱情，所以就算分开也舍不得做仇人。加上共同的朋友太多，断断续续的还有联系。男孩已经结婚，女孩也有了稳定的恋情。有天在网上碰到，男孩正在国外玩儿，和女孩聊了两句，问："你有没有什么需要我带的？"女孩开始说不用，后来想了想，随口说："上大学的时候你有一次和家里人出去玩，回来给我带了一条项链，还记得吗？银的链子，带一个蓝色的小坠子，很简单。我特别喜欢，戴了好久。"男孩说："嗯，我记得。"女孩接着说："前几年链子断了，坠子就找不到了，你要看到差不多的，给我带一个，没有就算了。"男孩在那头开玩笑说："你看你，送你的东西都不在意，太没良心了。"女孩一下子就不高兴，说："我没良心？你给我买过一块手表，白色的皮表带，我戴了四五年，电池都换了两回，最后带子都断了，这款早就停产了，没得修，一直放抽屉里。我搬了这么多次家，像我这种丢三落四的性格，合同都差点找不到。可那块手表到现在还好好的在我的抽屉里。"这话说完，女孩有点意识到自己的失态。男孩也有点尴尬，两个人都没有再多说什么。

那块手表是一个很普通的牌子，几百块的样子。当时两个人都是学生，男生后来回忆说，那天买了回到学校，已经挺晚了，本来想第二天见面的时候给她。可在怀里揣着就觉得存不住，巴不得立马给她戴上。于是，赶在宿舍关门前把她叫下楼匆匆忙忙地塞给她。她并没说过有多喜欢，只不过一直都戴着，分手了也没见摘掉。女孩其实是一个挺得瑟的性格，工作之后，手上戴的，宝格丽的手链、卡地亚的镯子也没少买，但是手表却没再买过一块。

2

朋友聚会，关系很铁的一个男生喝醉了，他跟我说起他的初恋。他说那个女孩子对他很好，当年上大学时，他爱和兄弟们拼酒，喝醉后总是女孩把他拖回去，给他熬养胃汤，为他擦洗身体。他对我说，不知道当年娇小身材的她，是怎么把他拖回家的；不知道每次喝醉时，她是怎样默默一个人收拾一地狼藉。不知道她是怎么心疼地看着喝醉酒的他。可是后来，他们还是分手了，因为女孩家庭条件不好，毕业后没有正式工作，男生家里一直反对，他的母亲甚至说要赶他出门，他们坚持了好几年，最后还是输给了现实。他说："我现在很少喝醉酒了。"我说："是因为年纪大了，要注意身体了吗?"他说："不是，是因为有天我喝醉了，发现自己在车上睡了一夜，没有人找我，

也没有人管我冷不冷,安不安全。"我说:"你老婆呢?"他说:
"我老婆说了,我不管你喝酒,但你喝醉了也别麻烦我。"他现在
的妻子是相亲认识的,一年内结婚生子,说不上特别爱,彼此
相敬如宾。他的妻子几乎从不跟他和他的兄弟出来玩,她有自
己的世界和朋友。对他说不上很上心,该做的都做,却也不会
过分地纵容他。不会管他和兄弟出去喝得很醉,但也不会在他
醉了之后为他收拾一地狼藉、为他擦洗身体,为他熬一碗热热
的养胃汤。但她是他父母觉得不错的女孩,家世不错,有稳定
的工作,性格也不错。他和她是世俗大众喜欢看到的般配。

他的女儿,叫思琦。是他坚定要取的名字。曾经在他喝醉
后背他回家,默默陪伴他、照顾他、爱他很多年的那个女孩,乳
名叫琦琦。他们还很相爱的时候,他开玩笑说:"如果有一天你
离开了我,我就给自己的孩子取名叫思琦,我要一辈子想念着
你。"现在真的这样了,他真的只能在一个名字里思念她。

3

最近有一个已婚的好朋友总是找我聊天。某天夜里 11 点多,
她给我打电话。我问她:"你在哪?"她说:"加完班,回家的路
上。"我说:"一个人吗?"她说:"是啊。"我问她:"怎么不叫你
老公来接你呢?"她说:"他打牌呢,叫我自己打车回家。"我知
道她上班的那个地方,在新区,有时候晚上走很远都打不到车。
后来她走了 20 多分钟才打到车,我说去接她。她不肯,我说:
"你一个女孩子在外面也不安全。"然后她说:"我自己老公都不
担心我,没来接我,你担心什么?"听出了她话里的失望。

她跟我说起她大学时候的恋人。她说:"那时候他连我一个

人下楼买点零食都不放心，要陪我一起。"后来她在一家公司实习，9 点半下班，男孩子每天都会骑自行车去接她。实习三个月，90 多个夜晚，每晚等在公司门口的身影。她说她一辈子都忘不了。

后来，大学毕业她父母在本市给她安排了稳定的工作。男孩家三代单传，他父母天天吵着要他回去。男孩希望她去他的城市。可她害怕在那边有一个不可预知的未来。父母的独女，这边有稳定工作，爱她的父母、家人、同学、朋友。去了那边，她只有男孩一个人。两个人远距离恋爱了一段时间。后来，她越来越没有安全感，放弃了这段感情。她说，她结婚的时候，男孩把她留在他那里所有东西都寄了回来。其中有她很多年前用过的小玩意、小饰品、耳环、零钱包，还有绣着她名字的毛巾。分手这么多年，他还保留着。曾经他们一起用过的情侣号码，男孩用的那个还一直保留着，他说过："任何时候，这个号码一直为你开通。"知道她哭了，可是开不了口安慰她。她已婚，丈夫是家人满意的，有车有房，众人都说很适合她。28 岁结婚，也不算早了。丈夫不会像男孩那样宠溺她。在丈夫眼里，她是个成年人了，很多事情完全可以自己解决。她说："我老公常说，你又不是小孩了，好多事情完全可以自己做的。"所以一个人去超市扛一大堆东西回家，所以 11 点多加完班自己打车回家，所以习惯了，习惯了这一种淡淡的失落。在一个人回家的夜晚，还是会想起那个等在公司门外踏着自行车的身影。还是会想起那个人，虽然，回不去了。

到底有多少人，会在一个人回家的夜晚、喝醉酒的深夜，想起从前陪在你身边的人。那些为你付出千般好、万般好，最后却没有和你走到一起的人。

又还有多少人，会在很多年后，还肯这样掏心掏肺地对一个人好。

你说：我再也不会这样无怨无悔地爱一个人了。于是你成了一个吝啬付出的人，也得到了一个有所保留的爱人。

你心里藏着一个人，一段回不去的往事。你身边的人，也许一样。他们最傻最好的时光，给了另一个人。

是现实太残忍，还是输给了时间？或者彼此不够坚定？还是没有学会珍惜？现在你身边的人，是世人都觉得和你很般配的人。

谁管你曾经多么地被一个人宠爱？谁管你曾经多么地爱过一个人？

反正这就是人生。

有些人只一眼，便是一生的牵念

山水相依，只因懂得，

琴瑟相和，皆因相知。

始终相信，有些人

只一眼，便是一生的牵念。

1

"我们分手吧。"他说。

"好，我找你也是这件事。"她回答。

他心很痛，却不肯回头；

她流泪了，却不敢去擦。

"忘了我吧，我没有爱过你。"他说。

"我会的，我祝你幸福。"她回答。

他们背对着背离开了，背对着背，走了。

他攥紧了手中的病危通知单；

那边，她坦然地把遗体捐献卡放到了包里。

2

他们彼此相爱，却总因为小事争吵。

一次吵架后女生说，吵架最容易暴露缺点，所以每吵架一次，咱们就把不能忍受对方的缺点写出来放在瓶子里，一年后交换。有了瓶子倾诉后他们渐渐减少争吵，那个瓶子也没被提起。

后来，她偶然发现他珍藏了许多年的瓶子，里面塞满纸条，每张条上都一句，我爱你。

3

连续三年的情人节，

他都会收到来自同一个陌生号码的祝福短信，

只有短短的五个字：情人节快乐。

第四年的情人节，那条短信没有出现。

他犹豫了很久，终于给那个号码发了句"情人节快乐"。

很快便有了答复："谢谢，你哪位？"

对方再也没有回复。

爱情不会在原地等谁，一不小心，它便被时间带走了。

4

一个男孩对女孩说："你是我的 BF。"

女孩问："什么是 BF？"

男孩说是 Best Friend（最好的朋友）的意思。

再后来他们结婚生子到了风烛残年的年纪，

老公公对老婆婆说："我是你的 BF。"

老婆婆问："什么是 BF？"

老公公微笑回答："Be Forever（要永远这样啊）！"

5

我收到一个有意思的邮件，要跟好朋友一起做。

"同桌，帮个忙呗？"

"好啊。"

"那么……我最喜欢的颜色？"

"黑色。"

"我最擅长的学科？"

"数学。"

"我们家的宠物？"

"一只叫笨笨的狗。"

"我的穿衣风格？"

"混搭。"

"我玩的游戏？"

"天下贰。"

"我对你不知道的一件事？"

"我爱你。"

6

听到她和闺密说："我讨厌别人抽烟。"于是，他默默地把吸了七年的烟戒了。

八天后，她有些奇怪："怎么闻不到你身上那淡淡的烟草味了？"

"你不是最讨厌别人抽烟么？"

"我是讨厌别人抽烟，"她扑进他的怀里，"但你不是别人，而且只要闻到你身上那淡淡的烟草味，就算闭着眼睛，我都能在人海中找到你。"

7

老人终身未嫁，所有人都不知道为什么。

有天老人突然买了一副棕色的美瞳，费劲地戴到眼里，泪不停地流下来。

邻居好心告诉她，她年纪这么大戴美瞳会让人笑的。

她不语，只是轻笑以对，每天照着镜子发愣。

后来，老人走了，邻居在收拾她的遗物时，发现一个旧盒子，里面放着一张泛黄的照片，老人旁边的男人，棕色的瞳仁映着光芒。

8

相伴多年的妻子去世后许久，他才重新振作起来打算好好过日子。大男子主义的他以前享受惯了老伴的照料，头一次去市场买菜竟然不知道如何还价。

有个小商贩喊住他，说："你太太平时总在我这里买菜，算你便宜点。"他很纳闷菜贩怎么会认得自己。菜贩笑道："你太太每次付钱，我都看得到她钱包里放着的照片，那照片上的人就是你。"

9

那个美丽的霍丽从乡下来到纽约，从说话的口音开始改起，把自己训练成城里人，最终要在这里生根。

有一天，一个老实巴交的男人出现在公寓门外，忧伤似的凝视着她，一看就是大半天。他是一名安分守己的兽医，他爱她，曾经收留她和她可怜的弟弟，她曾经为了报答他而与他成婚。他想带她重新回到乡下，日子不会太奢侈，但也一定很安逸。但她最终还是把他送到车站，让他一个人回老家。她哭了，当他叫着她原来那个土里土气的名字"雷美"时，她哭着，用标

准的、纽约优雅女子的腔调告诉他：我知道你爱过我，至今还
爱我，但我已经不是那个雷美了，再也不是了……是啊，眼前
这个时髦的霍丽怎么可能重新变成照片上那个扎着两条辫子的
雷美呢？怎么可能呢？于是，他接受了现实，黯然离去。

——电影《蒂芬妮的早餐》情节

10

"我爱你。"

"不，你只是喜欢我罢了。"她哀怨地说。

"爱我吗？"

"我喜欢你。"她略带歉疚地回答。

在所有的近义词里，"爱"和"喜欢"似乎被掂量得最多，
其间的差别被最郑重其事地看待。这时候男人和女人都成了一
丝不苟的语言学家。

也许没有比"爱"更抽象、更笼统、更歧义、更不可逾越的
概念了。应该用奥卡姆的剃刀把这个词也剃掉。不许说"爱"，
要说就说一些比较具体的词眼，例如"想念"、"需要"、"尊重"、
"怜悯"等等。这样，事情会简明很多。

——周国平《性爱五题》

11

通常的恋爱约略可以分做两种：无情的多情和多情的无情。

情侣见面时，无限缠绵，分手时，依依难舍，后来时过境
迁，经过了一段若即若离的时期，终于跟另一爱人又演出旧戏
了。此后也许会重演好几次。这种人好像天天都在爱的旋涡里，

外表多情，实则无情，他们寻找的是自己的享乐，心里总只是微温的。这就是无情的多情。

而多情的无情则是另一番模样：他们始终朝一个方向走去，永久抱着同一的深情。他们把整个人生都搁在爱情里，爱存则存，爱亡则亡，他们怎么会拿爱情做人生的装饰品呢？他们自己变为爱情的化身，绝不能再分身跳出圈外来玩味爱情。他们倾注全力于精神，所以忽于行迹，所以好似无情，其实深情，真所谓"多情却似总无情"。

——梁遇春《无情的多情和多情的无情》

12

每一个女生的生命里，都有这样一个男孩子。他不属于爱情，也不是自己的男朋友。可是，在离自己最近的距离，一定要有他的位置。看见漂亮的东西，会忍不住给他看。听到好听的歌曲，会忍不住从自己的 MP3 里拷下来给他。看见漂亮的笔记本，也会忍不住买两本，另一本给他用，尽管他不喜欢粉红色的草莓。在想哭的时候，第一个会发短信给他。在和男朋友吵架的时候，第一个会找他。

尽管不知道什么时候，他会从自己的生命里消失掉，成为另一个女孩子的王子，而那个女孩也会因为他变成公主。可是，在他还待在离自己最近的距离内的时光里，每一个女孩子，都是在用尽力气，贪婪地享受着消耗着掏空着他和他带来的一切。

——郭敬明《悲伤逆流成河》

13

芳华，你知道我还记得你翻译过的每一首诗歌吗？

我真的记得，我在你以为我忘记了以后才想起我原是记得的，那些歌就在我的心中，一直在我的心中，就像往事在岁月的心中，水草在河流的心中。就像离离的草，春风一吹漫山遍野。

芳华，你知道吗？我今天伤心了，因为我想起了很多歌，很多事，和你有关的歌，和你有关的事。那时你只有 17 岁，你永远的 17 岁，不可替代的 17 岁。对不起，我一直以来，只爱最好的你，是完美的你，最青春的你，对不起，你听得见我的道歉吗？

你说你在云南，窗子对面是一座青山，山上有一树一树的花，天很高，一层一层的云，你每天就坐在窗前看那些云，如同绸缎一般的云，太阳穿过它们，将它们的影子落在山坡上，如重逢时的忧伤。

——陈彤《无限怀念有限悲伤》

14

启柱向苔玲求婚："干脆和我一起生活吧，别想太多。我不喜欢把事情搞得太复杂，我只知道要把握眼前。如果不好回答的话就做选择吧，我刚才在车上想到的。1. 回答 YES，我们马上结婚。2. 回答 NO，我会努力让你改为 YES，然后结婚。3. 回答'再考虑一下'，我会给你今天一天的时间，明天马上结婚。你选吧！"

——韩国电视剧《巴黎恋人》台词

15

爱，除非你经历过，否则谁都逃不了辗转反侧的经验。尽管英雄大量，在恋爱中却都变成了小器。

恋爱就像睡觉，不知不觉中睡着，否则勉强不来。睡觉时心里怕失眠，结果便失眠。恋爱时怕失恋，结果便是失恋。

爱是不能理解的，像风一般充盈天地间而无从捉摸，正如《圣经》所谓"你见芦荻摆动，却不知风从何来往何去"。风是可以感觉而不能执着的。保持恋爱唯一方法，就是忘记恋爱。

具体说来，每晚酣睡的人，恋爱必有美满的结果。

——梁所得《圣经与失眠》

16

我在广场上等侯，此时夜鹭飞起，江鸥待眠，白鸽处处，广场上到处都是带着小孩的妈妈们，城市黄昏呈砖红色，而我等待我心爱的少年。他自街的对面出现，远远看见我，便自心到眼，笑出一朵爱的花。他左顾右盼地过马路，却在每一辆车的间隙里，热烈地向我微笑。

——叶倾城《蝴蝶飞过的城市》

我们可不可以永远都如此幸福

司仪说，现在你可以说出那动人的三个字，并亲吻你的新娘了！

台下掌声雷动，台上的他眼含泪水，良久他说，谢谢你！紧紧地把新娘拥在了怀里。有人说，他怎么不说我爱你？旁边的她听见了，心里一颤，想起了他说过，除了你我不会再爱上任何人。有他追求的五年光阴瞬间充满了脑海，她泪如雨下……

那是一段快乐的日子，两个人口袋里只有一百元。

我很突然地去了他的城市，两手空空，我说，我们就这样在一起吧。他抱着我。紧紧的。

他的一个朋友因为打官司借了他的积蓄。所以，他的钱所剩无几。

我们在一个很安静的小区里租了一套房子，买了必需品后，打开钱包，数了一下，只有一百块。

他说，没关系的，可以去朋友那里借一点。等发了工资就好了。

我说，不借，借第一次，就会借第二次。我们要吃得起任何苦。这样才能永远地在一起。

我趴在床上，开始分摊钱。

这三十块给他早上坐公车用的。偶尔天气不好，打车回家。

十五天，只需要熬十五天，他就要发工资了。

另外三十块是给他买早餐用的。

还有三十块是我和他晚餐用的。

剩下十块是备用金。以防万一。

他趴在我身上，叫我老婆，他把脸埋在我胸前，沉默不语，我知道他心里很疼。

就这样我们拥抱在一起，我哼着小曲儿，他一直一直把脸埋在我胸前。听我哼曲儿。

他说，我是这样爱你。

我说，我们会永远在一起。

第一天早上，和他一起起床，看着他洗脸刷牙，然后手拉着手，送他上班。看着他上公车。车上人很多，我看到他和他们挤在一起，他的眼里写满幸福。我们挥手，我看着车远去，然后回家，洗衣服、收拾房间，用一块很干净的抹布擦地板、厨具、门。

阳台上的风铃发出很清脆的声音，叮，叮，当……当……咚……咚……我看着它笑了。那是我们明天幸福的掌声。

中午的时候，他问我，吃午饭了没有。

我说，吃了。

其实我没吃。我要我们不借钱便过完这个月。

我这样倔强，把他的心疼放在心底，就是不许他借钱。

所以，当他回来把一千块钱放在我手里的时候，我哭了。

我说，我并不是一个怕吃苦的人。但是，我要我们可以坚持着做任何事，就像我来你的城市，坚持着把父母给放弃了，把工作给放弃了。把朋友留在了远方。来这陌生的城市，只为了和你相爱。

我陪着他，坐公车去他朋友的家，把钱还掉。

那晚，天空很美，有很多星星，在草地上，我躺在他的腿上，数星星。我说，天空多美啊，我们的爱情多美啊。

我背词给你听吧。喜欢谁的呢，嗯，秦观的《鹊桥仙》吧。苏轼的《卜算子》。不知不觉间背了《江城子》。他低头吻住了我。他说，我们不会分离。

于是，我们说，山无棱，天地合，才敢与君绝。

我怕他不吃早餐，所以，经常都给他买好早餐。

有一次，夜里，十一点半，我们都睡了，做了一个梦，梦到很多个面包店。醒来后，发现自己忘了给他买早餐。穿着睡衣就往楼下跑。他拦着我说，干嘛去啊。小心摔着。

我说，对不起，我忘了给你买早餐了。

我看到他哭了。在门口，他毫无顾忌地吻了我。吻得我喘不过气来。

那晚，我买了老婆饼。多亲切的名字。

晚上，很有意思，鸡蛋二块四一斤。我会挑鸡蛋，很新鲜的。菜市场很脏，我挤在一堆中年妇女中间，挑鸡蛋。我会还价。

晚餐是我做的，买一点点蘑菇。放在煮好的开水里，然后，把鸡蛋打进去，看着它沸腾。放一点点葱，还有鸡精。很香。一碗汤大约花了我们八毛钱。

他喜欢吃菠菜，很便宜。一块钱一把。我会做很多样式的菠菜。比如，煮的，蒸的。他吃得很香。我看着他，就笑了。

有时候，会只炒蛋炒饭。这是我的绝活，他常夸我。这个我是跟有经验的厨师学的。

先放油，把米饭放进去，搅一下，放一点点的盐。

然后，盛在一个大碗里。

拿个小碗，打二个或三个鸡蛋，搅拌。放进味精、盐之类的调料。搅均后。再往锅里放油。把鸡蛋放进去，用筷子搅。让鸡蛋散开。不要弄得太老。

然后，把米饭和鸡蛋全倒在锅里拌。在锅里闷几分钟。

然后就可以等着他回来吃了。

我们用一个大碗吃，两个勺子，头对着头，笑嘻嘻的，很快乐。一碗清淡的蘑菇汤，一大碗蛋炒饭。他给我讲一些快乐的事。

那段时间，我不出门，我不想花钱。家里没有电视机，什么都没有，可是，我有好多事情做，我要晒我们的被子。我喜欢晚上睡觉的时候闻到太阳的味道。像我们的爱情，很温暖，很好闻。

他也喜欢闻太阳的味道。但是，他更喜欢抱着我，闻我的味道。

他说，那是一个好老婆的味道。

我们在十五天里，花了八十五元。

他坐公车花了二十六元。早餐，三十元。中餐，我没吃。晚餐，二十九元。

他发了工资，带我去逛街，他说，你想要什么呢，让我买给你。

我带他去我每次买菜时经过的一个小闹区，那里有很多小摊，我指着小盒子里的一个戒指，我说，要它。

那是一个只卖十元钱的戒指。

我望着他问：我们可不可以永远都如此幸福。

他拿过我的手，把戒指套在我左手的无名指上，庄重得像一场婚礼。

他望着我说：从此之后，我们要做的，就是拉着彼此的手走到最后。其他的，交给命运。

丁香花

手机震，

有一条信息:

"我决定去告白了！"

他和她一直是好朋友，

可她一直爱着他。

"哦……那你加油。"

"我在她家门外好久了，

不敢敲门。"

"大着胆子敲吧！我挺你！"

"你说她会答应吗?"

"我不知道。"

她放下手机，

不争气地掉泪。

手机又震，

却是电话，

她接了……

"你开下门吧，

我还是不敢敲。"……

你不是我的归宿，故乡也不是

这辈子，能够相守固然是好，无法相守，只是因为不适合。有些你爱过的人的确只是个过程，他在你生命里出现，是为了使你茁壮，使你学会珍惜和付出，使你终于知道这一生你想要的是什么，你始终追寻的又是什么。当天坠落，换来的是日后的提升。那么，当时的痛苦也就值得了。

——张小娴

　　我家兄弟姐妹六个人，我是倒数第二个，下面是个妹妹，上面四个哥哥。我自小就自卑，因为我是生在农村的，内蒙古一个偏远的小村子，全家人都靠干农活养活自己。那里有很多老人，一辈子都没走出去过，根本想象不出城市是什么样子，在他们心中，呼和浩特市就像天堂一般远得够不着。

　　我喜欢学习，虽然文化水平不高，但是我想只要有条件，一定不会比城里的孩子差。初中毕业后，我到过一次呼市，那时候，我就下定决心，不管用什么方法，一定要到大城市来，呼市就是我的目标。

　　别看我是初中文化，在我们那儿，已经算是有学问的人了。我能当小学校的代课老师就是证明。也就是在那个时候，我认识了我初恋的男朋友，他也是小学老师。他家也是祖祖辈辈在农村的，跟我家一样。他喜欢我，从我第一天到小学报到，我就隐隐约约地看出来了。

在我 21 岁的时候，有一个从家乡出来到呼市的人回老家找女孩子出来到他开的酒楼做服务员。很多女孩子都特别愿意来，一个月给 300 块钱，管吃，不管住宿，几个人合伙租房子，要分摊房费。我就跟男朋友说，我想去，当酒楼服务员也不是我的理想，但是能到呼市，就靠近我的理想了。我跟他说，我想一边工作一边挣钱去学习，学好了，再换工作。

他什么也没说，只是叹气。他说本来想着是跟我结婚，两个人好好组织一个家庭，从没想过我会离开家乡。我说他太不了解我，那样的生活我怎么可能满足呢？我凭什么就应该是一个一辈子不离开农村的小学教员的老婆呢？我没有文化，没有见识，怎么能教育我们的孩子？难道我们的孩子也要去重复我们祖祖辈辈的命运吗？我这么激烈，他哑口无言。最后，他问我，那你会离开我吗？等你实现理想了，我还是一个农村的小学教师，你还会嫁给我吗？我知道当时并不坚定，其中也有哄骗他的成分，可是我怎么说呢？我还是说我不会离开他。实际上，我自己心里明白，那不是真的，不一定是真的。

我终于要到呼市了。走之前，他来找我，给了我一个信封，里面是 2000 块钱，是他全部的积蓄。他说，你去吧，只要你觉得好。这个地方太小，容不下你的理想。别太委屈了自己，这些钱，你留着贴补生活。大城市跟这儿不一样，什么事情都要花钱的。觉得不好，就回来。我有机会就去看你。

我说什么也不要，我不要，他说什么也不走。最后，我还是拿着了，我说就算是我欠他的，等我有了收入，一定还给他。他摇头说不用，他不需要钱，除了给我买书、买礼物、准备结婚，他没有什么开销。

我是哭着走的。并不是因为感动，只因我知道，我这一走，可能我们俩就要变成陌路人了。还有一个原因，就是我知道他是真心喜欢我的，不然他不会这么做。

刚到呼市时，确实不容易。晚上收工后，还要收拾店，工作很辛苦，每天夜里1点钟之前没下过班。第二天9点上班，先开会，然后整理酒店里的每一张桌子，然后开始无休止地忙碌……我本想找个学校上个晚上的培训班，根本就没有时间。这么做了不到半年，我离开了。我属于心灵手巧的人，随后就到了一家酒店做中餐厅服务员，然后是领班，工资也翻了一倍，也不用租房子。有了多余时间，我开始上学了，学打字、电脑，还学英语，当然都是补习学校。

他第一次来看我，我已经在酒店上班了。他来找我，我觉得特别没面子。我不想承认这个人是我的男朋友，别人问我，我说是老同学。我觉得他特土，从上到下，都是土的。带着他走在呼市的街上，我都不明白，怎么会喜欢上这么一个人呢？他怎么成为我的初恋男朋友呢？唯一的解释就是环境，我们那个环境，就决定了我只能遇见这样一个男人。

我帮他找了一个很便宜的招待所住下，他的话还是不多，问问我的生活和工作，鼓励我好好学习，除此之外，就是看着我。用那么一种特别伤感的眼神看着我。我问他看见什么了，他说没什么，只是看见我越变越好看。说完后，仍旧看着我。我受不了他的眼神，想走，他一把拉住我，问我，你还会回去吗？我真不知道该如何回答。我想我不会的，只要能养活自己，我就不会回去。但是，我不敢跟他说。我的变化，他也看见了，还有我对他的态度，我只有不说话，他放开我，坐在床边上，还是什么也不说。

第二天，他要回去了，我去送他。我拿着他给我的那个信封，里面是原封不动的 2000 块钱。我说我不需要了，说好了要还给他的。他死活不要，说那是送给我的礼物，我就要过生日了。他问能不能给他一张我的照片，我推辞说没有，来了呼市之后，还没有照过照片，他就不坚持了，说没关系，他不用照片也能记得我的样子。他就那么走了，其实我很难受。想起在家乡时，他对我很好，某种程度上说，也是他启发了我，让我总是有欲望要认识外面的世界。现在，我认识了，而且，我也在这个世界里了，他却距离我越来越远了。

在这里，我利用工作之外的时候拼命地学习，电脑、英语、财务，在这期间，我的工作也在不断地变化，从端茶倒水的服务员，到服装导购领班。后来有了积蓄后，又学了美容美发，我想打工到底是不行，早晚还要做自己的事情，哪怕就是一个只能放两张椅子的店铺，到底是自己的。我就想有朝一日能开个小的美容院，靠一门手艺来养活自己。以后，哥哥们的孩子大一点，让他们也到呼市来学习、见世面，这样我想我的家庭可以从我开始改头换面了。我向往着这个方向，特别有动力。

自上次他走之后，我们之间的联系就更少了，我几乎不回信。他给我打过电话，我也只是三言两语。最后一次见面，我还让他住在老地方。那天晚上，我跟他说，第二天我要上早班，不能送他了。他默默地坐着，我意识到，他是来跟我告别的。然后，他拿出一个傻瓜相机，他说，这个相机是为你买的，送给你吧。我留着，也没什么用处，你别嫌落后，就在他说这话的时候，我忽然有一种新情旧意涌上心头的感觉，我想起来好多事情，当年我们在老家怎么一起研究课本，虽然就是一个小学二年级的课本，我们怎么一起进城，他怎么给我买书，我坐在破旧的教室里，他给我念琼瑶小说，他给我买那种厚厚的羊毛围巾，冬天特别冷的时候，他把手在火炉上烤热了，双手捂住我的耳朵让我暖和……一下子全想起来了。

那天，我哭了。一想起他把全部的积蓄交给我，让我好好学习、好好长见识，他送我走上了这条路，可惜这条路是一条让我离开他的路啊。如果他当初强硬地留我，不让我走，我可能就真的没有今天了。

我还是拿出了那 2000 块钱，那个信封都快烂掉了。我说我有钱了，至少比过去出来一无所有的时候有钱了。他还是不要。他说他没有给过我什么帮助，这个就算是一点心意吧，当初，他也觉得不能给我任何帮助，唯一能做的就是我想离开家乡的时候，鼓励我，不拖累我。他说像我这样向往天空的小鸟，不应该被一个他这么平庸的男人剪断翅膀。

我感动，我负疚。但是，我也真的好无奈，我们的世界已经不一样了，过去的好，只能是美好的回忆。

他走了，留下了傻瓜相机和钱，没留下一句埋怨的话。

其实，我能留在呼市已经很满足了，那时候我的愿望就是能有一个自己的小产业、一笔存款、能当一个大本营，把家里的兄弟姐妹们和他们的孩子陆续"转移"出来，让他们逐步城市化。我根本没有想过，有一天我能出国，能嫁给一个老外。我已经有好些年跟他没有任何联系了，我的生活发生了巨大的变化。现在你看见的我，不是穷乡僻壤没有见识的小丫头，也不是呼市百货商场里的服装导购，我现在是一个新西兰农场主的太太，我已经移民了。我不想炫耀我的生活有多好，嫁给老外有多光荣，我只是想说，人生也是水涨船高，我在自己的路上，一直在坚持并不断地努力，往高处走。这个过程中，支持我的就是我的理想，也许每个这样坚持的人，在别人眼里都会显得很薄情。

但是，我想他会明白的，未来当他的女儿、儿子也开始走上我这样一条背对故乡的道路，越走越远，比我走得还远的时候，他一定会懂得的。

爱本是红尘里的一场修行

爱本是红尘里的一场修行，

漫长而又艰辛。

它让人磨炼心神，

却又使人疲惫不堪。

在一次又一次的逆境中绝望，

又在无数次的绝望中找到希望，

然后在希望中重生。

男人将女人娶回家的时候，女人已经疯了，且疯得不省人事。

夜静更深，来参加婚宴的亲友已渐次散去。他慢慢走向坐在灯影中的她。一片喜庆的大红里，身着大红嫁衣的女人，忽然"咯咯"地笑了："大哥，人家都回家去睡觉了，你咋还不走呢？"看着女人一脸婴儿似的纯真与茫然，一抹淡淡的忧伤轻轻笼上了男人的脸，可很快，他的笑又回来了："来，让大哥给你洗脸洗脚，你早点休息好不好？"女人倒很听话，乖乖地坐在床沿上，伸出双脚放在他端过来的热水盆里。他轻轻地替她揉搓着，她则不停地向他问话，却是东一句西一句，杂乱得毫无逻辑。两滴温热的泪，不知何时就掉到女人面前的脚盆里。是男人的。他还是想不明白，那样聪慧善良的女人，何以变成这个样子。

是的，曾经，她比村上所有的姑娘都更聪慧、更善良、更能了解他的心思。彼时，他们同村、同班、同学，后来又偷偷相恋变成恋人。几十年前的乡村爱情，纵有再多青春的狂热，也只能悄悄进行。那时，在村里，他家是最穷的，而且父母早逝，他是一个吃百家饭长大的孤儿。她家是最富有的，她是家里唯一的娇娇女。一穷一富的一男一女，爱情注定要被一道世俗的天河隔开。当那份恋情曝光，也就是他们的爱情结束的时候。她的父母抵死不同意这门亲事。不管她如何以死抗争，最后她还是被硬生生地塞进了前来迎娶她的花轿里。

她嫁人，他则绝望而去。他去了遥远的北大荒，渴望那片黑土地能治疗他心上的伤。从此，一别就是多年。

再次回到故土，他已是一名衣锦还乡的大学教授。北大荒那片油亮的黑土终究没有遮住他的光芒，他参加高考，又幸运地读了大学。之后，他的事业之路可谓一帆风顺，从讲师到教授，别人要为之奋斗大半生的路，他在短短的数年间便走过来了。他的感情，却并不像事业那样顺利。人过中年的他，身边也曾围绕着莺莺燕燕，无奈千帆过尽，他，却再也找不到当初的那一叶轻舟。

都说游子近乡情怯，那样的怯怯之情，于他更比别人多出几分。原以为她已是绿树成荫子满枝，也以为，他们会有一个温暖又激动人心的相遇。可当他面对眼前这个衣衫破旧，只会对着他"呵呵"傻笑的女人时，他一下子呆住了。原来，在他离开的那段岁月里，发生了太多的不堪，太多的沉重与忧伤。当年她被硬生生地抬到婆家，一连数日不吃不喝不睡，只自顾自念叨着一个人的名字，就是他的名字。一个月后，婆家人发现她是个疯子，便毫不客气地将她打发回了娘家。从此，村子里便多了一个疯疯癫癫的女人，在村前村后唤着"阿军哥，阿军哥……"

听乡邻讲着那段伤心的往事，再看看女人瘦骨嶙峋、弱不禁风的样子，他的眼睛湿润了："这些年，真是苦了你啊……"

他决定娶她，带她到自己生活的城市。一个堂堂的大学教授要娶一个疯疯傻傻的女人进城，几乎所有的人都认为他也疯了。他不顾众人的议论，将她接到自己空寂了多年的屋子里，开始他们迟到了十几年的婚姻生活。

婚后的女人，在他的精心照料下，身体精神都好了许多，病情却时好时坏。好的时候，她会很乖地坐着同他聊天说话儿；坏的时候，她就又摔又砸。他的脸上经常无端地出现一些莫名的抓痕。这些，他都不在乎，他说，这点皮肉之痛，哪比得了她当初的失他之痛。可有一点，却让他伤透脑筋，她始终认不出他，始终叫他"好心的大哥"。在同他一起生活的二十多年中，她就这么叫他。她叫他"好心的大哥"，是因为他二十多年如一日地替她擦脸洗脚，二十多年如一日地牵着她的手在那方美丽的校园里散步，二十多年里忍受她的无常。每每清醒一些，她会说，若不是这位好心的大哥，她早就死了。对他，她有敬，却无爱。

女人是在他们婚后的第二十五个年头走的，乳腺癌晚期，他用尽心力去为她治疗，还是没能留住她。弥留之际，女人几度昏迷，又几度醒过来。醒过来的女人，似乎又变得特别清醒，她嚅动着嘴唇，示意他俯下身去：好心的大哥，我走了，你也可以歇一下了，这么多年，苦了你了，我……终于可以去找我的阿军哥了……女人的话，就讲到这儿。她的生命，在一片祥和宁静中戛然而止。

他痴痴地守了她一生，她傻傻地爱了他一世，那份痴痴傻傻的爱，终究没能在红尘里相遇。趴在女人渐渐冷却的身体上，他的眼泪，无声地掉落下来。

那些你爱过的人，总会在平行时空，爱着你

有的人把心都掏给你了，你却假装没看见，因为你不喜欢。

有的人把你的心都掏了，你还假装不疼，因为你爱。

人生最难过的，莫过于你深爱着那个人，却是永远不可能在一起。

那些嚷着要爱情的人，只有在被爱情伤害后才会明白，

忍耐是一种深沉的爱，和一个愿意忍耐你的人牵手，

远比那只会给你风花雪月的人来得长久。

小白兔有一家糖果铺，小老虎有一台冰淇淋机。兔妈妈告诉小白兔，如果你喜欢一个人呐，就给他一颗糖。小白兔喜欢上了小老虎，那么那么喜欢，忍不住就把整个店子送给了他。回家后兔妈妈问她，那小老虎喜欢你吗？小白兔直点头，妈妈说，那他为什么不给你吃个冰淇淋呢？

小白兔说，他是要给我来着，我说我不爱吃。兔妈妈说，那你真的不爱吃吗？有七种口味呢，巧克力味道的里面还有你最爱吃的杏仁啊。小白兔用脚划拉着地板，喃喃地说，其实我也没吃过，只是就想着把糖给他了。

小老虎有了糖果店，小白兔说不如我帮你把冰淇淋机推到公园去卖吧。夏天可真热啊，冰淇淋每天都卖得光光的，大家

都夸小白兔好聪明。小白兔呢，还是一口也舍不得吃。她就想等小老虎亲手送她一个，小白兔自己也没发现，她最爱的口味已经换成了香草，想要的也不再只是冰淇淋了。

时间一天天过去了，小白兔还是没有吃到冰淇淋。倒是隔壁摊子卖饼干的小熊，给了她一盒小兔子造型的曲奇。小白兔留下糖果店和冰淇淋机给了小老虎，跟小熊去了更远的小公园卖饼干。兔妈妈问她，你不是不喜欢吃饼干吗，怎么又收下了呢。小兔子揉着红红的眼睛说，我就是饿了。

后来小白兔听说，小老虎把冰淇淋机送给了小企鹅，和她一起住在了糖果店里。小熊把这些告诉小白兔的时候，她耷拉着耳朵待了很久。小熊开玩笑地问她，你是不是后悔没有吃个冰淇淋再走呀。小白兔愣愣地转过脸说，就是有点难受，没能留些糖给你。

小白兔卖力地帮着小熊卖饼干，没多久就又攒了一笔积蓄，买了新的糖果铺。这次兔妈妈千叮咛万嘱咐，她说宝宝啊，这糖要慢慢地给，不然后来就不甜了。小白兔嘴上连连答应，心里却想着小熊收到糖果店该多开心啊。她只知道小熊又加班去了，不知道他小鸭子形状的饼干马上就要烤好了。

小白兔回家看到了偷偷藏起来的小鸭子饼干，什么也没有多问，只是跑回家跟妈妈大哭了一场。她呜咽着和兔妈妈说，小熊最喜欢吃糖了，我终于可以给他糖果屋了，他为什么要离开我呢。兔妈妈笑了，她摸摸小白兔的头说，当他不爱你了，你的糖就不甜了。

小白兔还是想不通，只好带着糖果店搬去了更远的地方。

小鸭子可不是什么善茬儿，她不知从哪里打听到了糖果店的事。一天饭后，她揶揄地告诉小熊，哎呀你可不知道吧，你心里最单纯的小白兔，背着你用卖饼干的钱给自己买了好东西呢。不久之后，小白兔就收到了小熊的来信。

信里只有短短几句话，大致是说小白兔走后饼干铺子生意一直不好，钱怎么说也是卖饼干挣来的，希望小白兔能把糖果店还给他。小白兔看完信后眼睛哭成了桃子，她想起了妈妈的话，把店给了小熊。兔妈妈说小白兔是韭菜馅的脑子勾过芡的心啊，她说妈妈，其实糖还是甜的，只是人生太苦了。

后来小白兔又爱过几个人，都无疾而终了。这缺心眼的小兔子啊，喜欢上一个人，就会使劲对他好，恨不得掏心掏肺给他看。她以为只有这样，才能让爱情活得更久更久一些。可惜那时候的小白兔还不明白，其实任何东西啊只要够深，都是一把刀。

有一天小白兔出门，发现小熊醉倒在她门口。他哭着碎碎念着，说他过得不开心，说糖果店已经被吃完了，小鸭子嫌他没本事拍拍屁股就走了。他一把抱住小白兔说，如果说这世界上我还有什么值得回忆的，大概也只有你了。小白兔被勒得喘不过气来，她心里想着，也许爱上一个旧人，就不会再有新的问题了吧。

很久很久以后，小白兔和别人讲起这段故事，总是感慨万分地说，那些值得回忆的事啊，就该永远放在回忆里。

不知道你有没有玩过一种游戏机，投硬币的那种。有好多小爪子推啊推，硬币们互相推搡着，摇摇欲坠却又固若金汤。

你投入的越多就越难收手，机器里的硬币落得越厚重就越不会有收获，可越是不掉币你就越觉得大奖就要来了。这逻辑很有趣，它只在你输的时候成立。可小白兔就是这么觉得的，她站在万丈悬崖边，以为跳下去是学会飞翔的捷径。她默默地想，大奖终于要来了。她被大把硬币即将掉落的景象迷红了眼，以至于忘记了，自己没有翅膀。

既然是童话，总得有点好的不是。小白兔回到了小熊身边，日子没有想象中的糟糕。一起吃饭，逛逛公园，小熊每天都采一朵最漂亮的花回来送给她，小白兔会做一手好菜，小熊总是抢着洗碗。小熊以为一切都好了，他甚至有点失望，都说感情是刻骨铭心的，可小白兔似乎没留下任何伤痕。多可笑啊，那些拿刀子去划豆腐的人，永远都不知道疼。

直到有一天晚上，小熊从厨房出来，随手递了一块饼干给小白兔。小白兔摇摇头，说我好久不吃饼干了。然后她抬起头看着小熊，淡淡地说，你给过别人的东西，就不要再给我了。小熊一瞬间明白，这些伤口还是血淋淋的。那年小白兔扑在妈妈怀里哭的那个下午，他就已经弄丢他的小兔子了。一起弄丢的，还有原本可以幸福的可能。

可小熊舍不得小白兔，小白兔自己也没发现自己当初的喜欢，已经只剩下不甘心。日子还在继续，小白兔除了还是不吃饼干，什么都是百依百顺的。在别人眼里，他们俨然成为了恩爱的一对儿。直到有一天，她打开一只旧箱子，里面装满了小熊每天送她的花。花都枯萎了，小白兔想起这些日子，她每天接过小熊的花都是敷衍地笑笑，转身便扔进这个破箱子里。她一下子发现，原来不爱了，是早就不爱了。

和小熊分手后，小白兔断断续续地又开过几个糖果店，卖的卖送的送，也所剩无几了。可她还是学不会开口，说她饿，说她想要吃个带杏仁儿的冰淇淋。她把给糖果当成了一种惯性和礼节，看起来和从前没什么差别。她还给它们包了亮晶晶的糖纸，但小白兔心里明白，它们早就没有味道了。

后来小白兔结婚了，是和其貌不扬的小猪，再后来还有了两个孩子。小猪是隔壁村子来旅行的，据他后来说，是来小白兔店里买糖的时候，一眼就喜欢上了这个小机灵。小猪一连来了好几次，每次都是买完糖，付了钱，又悄悄把糖留下。兔妈妈说，这样的孩子品行好，可以嫁了。小猪果然也没让兔妈妈失望，结婚后包揽了所有家务，大家都夸小白兔好福气。小白兔也总是笑眯眯的，她常常摸着两个孩子的头说，如果你们喜欢上一个人啊，就找他要一颗糖。

故事就要结束了。没人知道，当年小猪留下的糖，是小白兔准备吃下的毒药。小白兔明明知道是有毒的，却也懒得阻拦就卖给了小猪。她想，这些贪图甜腻的人啊，总该受到些惩罚。当她刚准备重新拿出毒药服下的时候，发现了小猪买走的糖，居然安安静静地放在罐子中。

第二天小猪又来了，第三天也是。小白兔还是给他有毒的糖，她甚至不明白自己为什么要这样残忍，她总想着只要小猪收下一次，一切就都结束了。可小猪每次都巧妙地把糖果放回了罐子里，然后趁小白兔还来不及发现就走了。小白兔在和自己较劲中，似乎又看到了春天。她幸免的不只是那些有毒的糖果，还有小白兔这些年对这个世界巨大的失望。终于他们相爱了，后面的故事也水到渠成了。

可她忘记了兔妈妈说的，你拿谎言去考验爱情，就永远遇不到真心的爱人。

有一次小猪喝多了，朋友们起哄问他当时怎么想到不收下糖果。小猪被灌了太多酒，回答得稀里糊涂，颠三倒四。但当那些字组合在一起，传到小白兔耳朵里时。在场的谁也没听懂，只有她在一瞬间放声大哭。

小猪说，那天啊，那天我只是路过来着，小熊硬塞的钱，小老虎说如果我能把糖放回去，冰淇淋机就是我的了。

嗯，故事说完了。别哭，这世界是守恒的。你付出的每一颗糖都去了该去的地方。那些你爱过的人，总会在平行时空，爱着你。

你愿意做他的第几任女朋友

总有一个人，一直住在心里，却告别在生活里。忘不掉的是回忆，继续的是生活，来来往往身边出现了很多人，总有一个位置，一直没有变。

如果彼此出现早一点，也许就不会和另一个人十指相扣。爱在不对的时间，除了珍藏那一滴心底的泪，无言地走远，又能有什么选择？

第一个初恋
他什么也不懂，
他追你的时候写了几封情书，
他害怕去买花，
不敢在你的宿舍楼下叫你，
第一次牵你的手的时候，考虑了半天，犹豫了半个小时。
第一次说爱你的时候脸涨的通红，身体都在发颤。
第一次吻你的时候，害怕冲撞了你，先问问你同不同意。
你们在一起的时候不知道该干什么，他只会望着你傻笑。
你问他最爱的人是谁，他不会撒谎，说是他妈妈。
你问他将来会不会娶你，他呆了一呆，说没想过这个问题。

第二个女朋友
他送你花，请你宿舍的人吃饭。
他说我爱你，然后牵着你的手跑到学校的喷泉中央。

然后抱着你打转，他追到你了。

你答应他的那一刻，他就吻住了你。

他说女朋友应该给男友洗衣服，

要在他打球的时候送水擦汗。

你问他最爱的人是谁，他考虑了一下，说，是你。

你问，我们会不会有未来？

他说：你愿不愿意去我的家乡？

偶尔，他会想起他的初恋。

他说，那个时候我太小，什么都不懂。

第三个女朋友

他说，虽然我什么也没有，但是我有一颗爱你的心。相信
我，你会幸福的。

于是你们在陌生的城市为了节省房租，

同住了一间小屋子，有简陋的卫生间和厨房。

每天早上你比他早起，偶尔会给他做早餐，分开坐车去上
班，

晚上，你在回来的路上买好菜，回去做给他吃。

他说，有了你，我是幸福的。

他偶尔洗洗碗，偶尔擦擦地，偶尔洗洗衣。

一起省吃俭用还读书时候欠在信用卡里的账，

他说，等我们攒够了钱，我们就结婚，

他妈妈过来，给你们洗了床单被套，说，屋里要保持整洁，
住着才舒服。

你跟他回老家，

他说，我爸爸觉得你没有我第一个女朋友漂亮。

第四个女朋友

他说，我觉得我们会谈得来，

那天晚上他送你回家就留下过了夜。

他很会照顾人，很会疼人，

他永远懂得女人需要什么，想听什么，喜欢什么，

你还没向他要求，他就会给你惊喜了。

他会给你买零食，会给你买消夜。

你看一样东西超过三眼，第二天他就会买给你。

他买了房子写上你的名字。

他妈妈看到你的时候说，闺女，都不小了，结婚吧！

你觉得自己很幸福，接受了他的钻戒。

有一天，你翻他的电脑，看到了他写给前女友的信。

说了你们的故事，然后说："这些都是我最想为你做的，可是我以前不懂也没有条件。

我们都希望自己的另一半温柔、体贴。

可是，真的没有哪个男人，生下来就懂得怎么去照顾女人的。

多半的好男人，都是被女人逼出来的。

所以，当我们拥有一个好男人的同时，

就应该知道，我们所享受的，是前一个女孩的成果。

或许，每一个男人心里，都有一个念念不忘的人。

这时候，不要去嫉妒，不要试着去破坏。

因为，每个人的生命中，是应该有那么一次美好的。

就像我们，或许也被另一个男人怀念一样。

容许你的男人，心里有一个影子，但是仅仅局限于影子而已。

没必要担心这个影子是否会影响你的现在。

相信回忆是美好的，

也要知道，你们的明天是更美好的。

流泪的婚纱

多少爱，能在平淡的时光简单的日子中诠释着丝丝的感动？

爱，不是表达方式的奢华，而是平淡中的细腻。

真正的爱是坚韧的，它是要经得起流年的平淡的。

老城区里住着一对七十岁上下的老夫妻，两人膝下无儿无女，彼此相依为命。

老头儿有一辆自用三轮车，每天他都会载着老太太去公园晒晒太阳，做做运动，然后到菜市场买菜回家。

这样平静而幸福的日子过了好些年，有一天却被打破了。这天，老太太在餐桌上吃饭的时候，兴高采烈地跟老头儿谈起了芙蓉街新开的一家婚纱店。老太太说，橱窗里挂着的几件婚纱，真是美哟，让人忍不住想多看两眼；店门口的海报上，漂亮的新娘子抱着英俊的新郎，幸福得哟，快要融化了。

老头儿一边听老太婆眉飞色舞地讲，一边掰着指头算了算，再过俩月，就是他们结婚的第 50 个年头儿了，电视里说，这叫金婚。老头儿心里温暖了一下，突然捂着半边脸，直喊牙疼。

老头儿的举动吓坏了老太太，她赶紧起来给他找止疼药，并逼着他去医院看牙医。这次老头儿没有拒绝，第二天一大早，他支开老太婆，独自骑着三轮去了医院。回来的时候，老头儿对老太太说："医生说，我的牙齿坏得差不多了，得都拔掉，装新的。"

老太太想，肯定得花不少钱，家里没存款，老头子肯定又要不听医生的话了。她问道："多少钱，咱们先去借借。"

老头儿伸出两个手指，说："要 2000 块呢！借啥借，自己换牙，自己挣钱！"

老太太问："一把老骨头了，怎么挣钱？"老头儿笑笑，说："老太婆，从今天起，你不能坐我的三轮了，我要把拉你的力气，用来拉别人赚钱。你每天坐我三轮也不给钱，真是的，哼！"

老太太一听这话，急得从椅子上站起来，说："不行不行！这三轮我不坐也罢，你可不能去拉别人，这么老了，赚什么钱！"

老头儿掰着指头算着："我以前拉你，平均一天 5 趟，如果每趟按 5 块算，我每天都可以赚 25 块。你以后不坐我的三轮，自己走路去散步买菜，我保证每天只拉 5 趟，赚够钱就停，你不能老让我牙疼，是不是？"

老太太沉默了半天，说："那……那你试试看，每天最多拉 5 趟，身体吃不消咱另想办法。"

从那天以后，老头儿就真的蹬着三轮到街上拉客去了。第一天中午，他回到家，叫老太太找来一个鞋盒子当存钱罐，掏出一把零钱让老太太数。老太太认真地数完，走过来替老头儿捏捏胳膊捶捶背，问他累不累，老头儿哈哈一笑，说："不累！

一点都不累！"

说不累是假的，老太太自然能看出老头儿的疲倦。平常晚上，两人都会唠唠嗑，现在他头一沾枕头就呼呼大睡，一觉到天亮。老太太好几次劝老头儿别拉了，可老头儿总是摇摇头，说："那可不行，最近牙又疼了，我还等着换牙齿呢。"

有天半夜，老头儿被一阵窸窸窣窣的声音弄醒了，他睁眼一看，是老太太。老头儿问："你干啥呢？"

老太太从柜子里抱出一床被子，说："老头子，你太累了，呼噜震天响，害我睡不着。我从今天起，到隔壁房间睡，好不？"

老头儿毫不犹豫地答应了。他确实太累了，当然一天 5 趟不会让他这么累的，他心里有个小秘密，除了鞋盒子里的钱，他还偷偷藏了一笔。钱挣得多固然是好事，可是老太婆鬼着呢，会从钱多钱少上看出他拉了多少客人。交太多会让她心疼，每天上交 20 多块，是最适当的数字，等最后再把这些钱放一起，老太婆也就无可奈何了。想到这儿，老头儿不由自主地笑了，又呼呼地进入了梦乡。

鞋盒子里的钱渐渐多了，老头儿偷偷算了算，加上私存起来的钱，差不多快有 2000 块了。

一天，吃完饭，老太太洗碗去了。老头儿偷偷从床垫下拿出私存的钱，放进鞋盒里。然后他端出鞋盒，叫过老太太，说："老太婆，来跟我一起数钱啰。"

老太太也很乐意，擦干手跑出来，打开了鞋盒子。老头儿心里有数，鞋盒子里原本是 1140 块，再加上刚刚放进去的 850

块，差 10 块就够两千了。

老两口数到最后，老头儿发现不对劲，看样子远远不止 2000 块。老头儿怕自己数错了，又数了一遍，竟然是 3100 块。

老头儿愣了，这鞋盒子又不是聚宝盆，怎么会增加这么多钱？老太太却似乎一点也不惊讶，将钱装进鞋盒子里说："没错没错，老头子你真厉害！竟然挣了这么多钱！不过，你以后可不许出去拉别人了，我好久没坐你的车，无聊得只好天天在家里睡懒觉，明天咱们去公园！"

第二天早上，老头儿又骑着他的三轮，载着老太太出去了。在去公园的路上，老头儿转了个弯，转进了芙蓉街。老太太说："老头子，你来这儿干啥？"

老头子没回答，他将三轮停到婚纱店门口，紧紧攥着老太太的手，进去了。老太太两个月前谈起婚纱，并不是偶然的，他知道她羡慕了一辈子，那时他就下决心，在他们踏入金婚的那天，他要带老太太来照一套最美的婚纱照。推说看牙医那天，他单独来问了，店老板很感动，给他打了 5 折，只要 2000 块钱，他和老太太就可以照一套店里最豪华的婚纱照。

两位老人刚进门，店老板就迎上来了。他看见老太太，愣了一下，赶紧从口袋里掏出 10 块钱，塞进老太太手里，说："老人家，可算找到你了，那晚你把我从歌城拉回来，我没零钱给你，还欠你三轮车钱呢，记得吗？"

老太太赶紧否认，店老板却朝门外看了看，指着那辆三轮说："我记得很清楚，不会错。我还问你这么大年纪了干吗半夜出来拉车，你说大爷需要 2000 块钱换牙齿，你想帮他分担点。"

老太太红了脸，赶紧跟老头儿解释："老头子，反正我晚上睡不着，老城区那歌城，天天晚上都有生意，半夜又没汽车，比你蹬三轮安全多了，咱俩是伴儿，什么事都应该互相分担，是不?"

老头儿眼眶红了，多出来的钱，是老太婆半夜起来蹬三轮赚的！他牵起她的手，说："其实我的牙齿一点也不疼。今天，咱们结婚满 50 周年，我只想带你到这里来留点纪念，你可不许反对！"

店老板红着眼圈走开了，他决定，给两位老人免单，等他们的相片出来后，他要将它放大，挂在自己店门口。

百合花

退休在家后，

老伴最爱从早到晚数落我又老又胖好吃懒做。

今早起床我突然咳嗽并吐出一口鲜血，

他看到后整个上午没说一句话，

闷闷抽着烟。

中午拉我去了医院，

最后得知是我牙龈发炎口腔出的血，

他立马就站在医院怒骂我：

"你这个没用的胖老太婆……"

只是还没骂完，

他眼眶里已满是泪水……

这辈子我做的最对的
一件事，就是当年没离开你

女：我不高，身材不好。

男：我要的不是模特。

女：我长得不漂亮。

男：我要的不是仙女。

女：我不太会煮饭。

男：我要的不是厨师。

女：我的脾气不好。

男：我要的不是侍女。

女：那……你要的是什么啊？

男：我要的只是你，你懂吗？亲爱的。

　　她和他是青梅竹马，从小就郎情妾意，彼此相爱。但是，他却早早地结婚了，新娘不是她。

　　她说，你和她在一起，我等你们分手，你们不分手，你们结婚，我等你们离婚，你们不离婚，我咒她早死，她不早死，我要等到 101 岁那天，做你的新娘。

她生命中和他有过三次私奔。

第一次，是七岁的时候，他拉着她的小手说要带她走，后来，被她妈妈天黑找到带回家，罚她再乱跑就不许吃饭。

第二次，17岁的时候，她说，你带我走。他们买了车票去流浪，半路被家长和老师找到，写检讨，受处分。

第三次，23岁的时候，他说，我们一起去找我们的未来。她在候车室等他，等到天黑天又亮，还是没有等到他。后来，她听说，那天，他和另外一个女人去领了结婚证。这辈子，她都等不到他来带她走。

他，于她是一场盛大的恩赐，他有万千风光，人前闪耀，她，数不清她是他第几任女友。

她问：你记得你的初恋女友叫什么名字吗？

他答：那么多女友，我不记得了。

她离开他，是她说的分手。

几年后，他们遇见，他唤她的名字和她打招呼，她哭了，她说：在你厌倦之前离开，终于换得你记得我的名字。她懂得，得不到的永远是最好的，她不是他女友们中最漂亮的，却是唯一一个他可以唤得出名字的过气女友。

恋爱时，两双肥得可爱的情侣人字拖，他总爱偷穿她的紫色。结婚后，一对情侣抱枕，他也总爱调皮地抢她的紫色。

后来，他们老了，白发苍苍。她生了一场大病，腿走路不灵便，他说：我抢了你一辈子的东西，以后你就抢我的腿当你的拐杖，你不抢我也给你。

古藤摇椅上，一对花甲老人。

老太太拉着老头子的手说：老头子啊，我现在都觉得对不住你，那年，我的初恋男友回来找我，说他还爱我，回来带我走，我和他见了面，我还爱他，就回家来收拾行李，一进门，就看见你在厨房给我熬汤，说：这些时间你精神不好，我给你补补身子。我冲到卧室，就哭了，当时就决定，我不离开你了。

老头子笑嘻嘻地说：老伴啊，这事我早就知道，当时，我偷看了你们的信件，那汤其实是我知道你要走，想着给你熬最后一次，喝完你再走，你不吃饭不行，你晕车厉害。老太太老泪纵横。她说，老头子，这辈子我做的最对的一件事，就是当年没离开你。你才是最爱我的。

素时锦年，谢谢你的出现

我不是因你而来到这个世界，却是因为你而更加眷恋这个世界！

如果能和你在一起，我会对这个世界满怀感激，

如果不能和你在一起，我会默默地走开，

却仍然不会失掉对这个世界的爱和感激。

一直在寻找，寻找一个带着香皂般清新气味的男人，他有温暖的笑容，能让冰天雪地于瞬间繁花似锦。

那是美丽的梦，我一直在等待，等待着那个男人的出现。

直到某一天，我在一楼向上看，他在二楼向下望，只一眼，我确定他就是我在等的那个人。于是，我开始了自己一个人的爱情故事……

曾经不知道多少次甜蜜地跟踪，哪怕只是远远地看着，也是我天大的幸福。还曾在夜晚偷偷跑到对面楼道，拿着望远镜，窥视他的生活。知道他工作的公司，常去吃饭的饭馆。数不清的一次又一次……

在别人看来，那样卑微的暗恋有着太多的苦涩，于我，却似浓香的咖啡可以久久回味！哪怕他从没看我一眼。

有一天，我在楼下，看见他一个人提着包回家。一会儿，他的窗子上的灯就亮了，看到他映在窗户上的身影是如此地孤独、落寞。

我终于鼓足勇气悄悄地走上楼去，敲开他的家门。

当他看到我，眼神有些慌乱，我说，能否到楼下的咖啡馆一起喝点什么。

他的脸上露出了温暖的微笑，陪我一起到楼下咖啡厅。

从此，我们便成了朋友。从此，我的心里就多了一份甜蜜、暖意与牵挂。

终于在某一天，我在楼下远远地看到他挽着一个女人的手时，我懂得了我们之间的距离，我永远只能在一楼，遥望二楼的他。

一楼，二楼，永远！

当然，也想象过，如果某天，他挽着女友与我不期而遇时，我该怎样面对——勇敢地迎着他的目光走上前去，笑靥如花地寒暄？又或者呆立在原地？还是躲进街角，然后目送他们离去？不知道，也不敢去想，我只知道在转身的瞬间一定有泪，为我自己，为我自己的坚持，但更为他的幸福。

一个周末，我很是无聊，喝着红酒，窝在家中不停地转换着电视频道。

这个时候，他打电话过来了，说道：我一个人在家实在闲着无聊，到你家中坐坐！

　　我尽管很喜欢他，但是这种突如其来的唐突话语，还是让我有点尴尬和难堪，一时间感到不知所措，只好慢吞吞地说："这……恐怕不行，我正要出去。"其实，在这个时候，他已经站在我的门外了。

　　我打开门，他手里提了很多东西，还有一瓶红酒。无奈之下，我就让他进了家门。

　　他欢快地对我说："今天我下厨吧！"说完便在厨房中忙碌了起来。我忙不迭地收拾屋子，偶然看到他忙碌的背影，突然有了一种莫名的感动。就那么一会儿，我立即又将这种感觉压在了心底。

　　我有些惊慌，一个人到书房里，开始不停地给熟悉的人打电话，约他们到家中来吃饭。然而，朋友们却都不在。过了一会儿，他开始喊我了，我到厨房里愣了一下，他端给我的是一盘热气腾腾的饺子，也是我最爱吃的。

　　两盘热腾腾的饺子，几碟小菜，一瓶红酒，他的脸上始终都挂着温柔的笑，帮我夹饺子，帮我倒酒。

　　一瓶红酒下肚后，不胜酒力的他的头便搭在了我的肩头。就在那一刻，我突然感觉到他的内心是如此地脆弱：他在我的肩头像个孩子似的，我的心猛然一颤。

　　一会儿，他便安静地在沙发上睡着了，我轻轻地关上了门，走了出去。也就在这个时候，他的电话响了，是一个叫"静"的女人打来的。

电话响了一阵后，便停了。我仍旧喝着酒，晕晕的。我分明听到了他轻微的心跳和呼吸。然而，我却努力地让自己的心冷静下来。

他醒来的时候，已经是傍晚了。

我静静地坐在沙发上。我为他准备了晚点，在吃饭的时候，他问我："你真的一点都不喜欢我吗？"我看着他，笑而不语。

"你难道不寂寞吗？"他接着问。

"有一点儿！"我回答。

"可是……你怕我纠缠你吗？"他忍不住又一次发问。

我说道："没有任何恋爱经验的我心中是一张空白的纸，你已经成家，再也没有资格在上面留下任何的墨迹。爱情是一种承诺，婚姻是一种责任，因为有了责任，更不能再对其他的承诺了。就像这碗稀饭的煎蛋，尽管总觉得它没什么味道，但是你每天还不得不做，不得不吃，有时候甚至觉得它难吃，但是如果不吃，心里就会觉得空空荡荡的。"

从此之后，他再也没有敲过我的家门，也没有跟我联系过。

而我，也只会偶尔地在楼下仰望他牵着那个女孩的手幸福的样子，每当这时，我内心便会释怀：你，可以让我冰天雪地的世界于瞬间繁花似锦，可我却没能替你想到，我的出现，可能会让你繁花似锦的世界瞬间冰天雪地。

到现在，知道你是幸福的，我何不卸下戏服，学着放弃？

有一种缘分总在梦醒后，才相信是"永恒"

有一种感觉总要在失眠时，才承认那是"相思"；

有一种缘分总要在梦醒后，才相信是"永恒"；

有一种目光总要在分手时，才看见是"眷恋"；

有一种心情总要在离别后，才明白那是"失落"。

　　我越来越想喝一碗粥，一碗纯粹的白米粥。粥里，只是米和水，让它们完美地交融在一起，喝一口，香味直入五脏六腑。那是一种来自阳光来自大地的香味，让人为之深深陶醉。

　　为了喝到那样一碗粥，我跑遍了大大小小的餐馆。可每一次，我收获的都是失望。那些白米粥，要么寡淡无味，要么甜得腻人，让人根本无法下咽。

　　我只好自己动手去做。找出高压锅，淘好米，放好水，放在煤气灶上大火去烧……可最终盛到碗里的粥，却米是米水是水，没点味道。我不甘心，又换了一只普通的铝锅，重新放米放水，大火烧开后又用小火慢熬，直熬得米粒全都开了花……可待最后端起碗喝了一口后，依旧失望不已，粥里，没有丝毫香味。

　　我真的不知道，要到哪里才能喝到那样一碗粥。而在从前，我却是天天可以喝到它们的。

那时候，我常有应酬，差不多每天都是十一二点才到家。但无论我多晚回家，她都是笑吟吟地开门：回来啦，喝碗粥吧！餐桌上，一碗粥正蒸腾着热气。我坐下来，用勺子慢慢地边搅边喝。粥有点稀，但正好解渴；有点烫，恰好暖胃；而来自米粒深处的香味，总能让人感到自己就坐在春天的田野里……一碗粥喝完，我的肠胃感到分外熨帖分外舒适。接下来，再美美地睡一觉，那是何等幸福的日子……

而不晓得从几时起，我开始慢慢地忽略那碗粥的？大概在认识虹之后吧。

虹是个非常特别的女孩，一会儿沉静如水，一会儿热烈似火，一会儿娇媚如花，一会儿冰冷如霜……在虹的怀抱里，我彻底迷失了自己，再也想不起回家的路了。

为了虹，我毅然向她提出了离婚。她当即呆住了，然后抱住我，泪落如雨：求你，不要离开我！而我早已厌烦了她，使劲地推开她：离婚吧，我喜欢上了别人……

婚，终于离了，我可以名正言顺地和虹在一起了。

最初，和虹在一起的日子真的很快乐，我们一起泡吧一起唱歌，或者一起外出旅行……和虹在一起，我感到自己又回到青春年少时，全身充满了活力。但我的幸福，并不长久。

那一天深夜，从酒吧回来不久，我便感到胃疼难忍。我挣扎着起身，找出胃药服了下去；可胃疼，仍如波涛起伏。我想起以前，当胃痛时，她总要给我端来一碗滚烫的白米粥，让我趁热喝下；而我的胃，果然在喝了一碗粥后，安然无恙。于是，我推了推身旁熟睡的虹：快起来，我胃疼，帮我烧一碗粥。虹翻了个身，没搭理我，我继续推：快点啊！谁知虹猛地坐了起来：你烦不烦啊，胃疼自己想办法，怎么老让别人不得安生啊？随后虹怒气冲冲地抱了床被子，去隔壁的书房睡下了。剩下我独自躺在床上，胃疼，心更疼……

也就是从那时起，我开始分外想念当年喝下的那一碗碗白米粥。可无论我怎么去寻找，却再也找不到了。也许，这个世界上，唯有她，才能做得出那样的白米粥吧？

几经辗转，我打通了她的电话，约她到咖啡馆里坐一坐。她，答应了。

坐在咖啡馆里，闲闲地聊了几句后，我便问她：以前你的米粥是怎么做的，那么香？

她一愣，说道：很容易的，用砂锅熬，少放米，多放水。停了停，她接着说道：不过，只能用文火，从头到尾都用文火。

我很惊讶：用文火？那得多长时间啊？

她淡淡地答道：差不多两小时吧。以前，我天天晚上都在厨房里坐着。

无边的热浪从我的心底席卷而过，不由自主地，我伸手抓住了她的手，眼光灼热：我还想喝你熬的粥，行吗？

她轻轻地挣出了我的手：对不起，我的粥只熬给珍惜它的人喝。

说完，她头也不回地出了咖啡馆。我的目光追随着她，直到门外。

她刚出了大门，便有个男子迎了上去，为她撑开了伞。原来，下雨了。

我清楚地看到，男子用右手将伞完全地撑在她的头上，任他自己的左肩淋在雨里。

望着他们远去的背影，我感到自己的视线渐渐模糊了，伸出手去，我擦了一下自己的眼睛，却擦出满掌的泪水……

爱都藏在记忆里

到底什么是爱情？绝不是风花雪月的旖旎，花前月下的缠绵，是夕阳西下相互搀扶的老人，是白发苍苍依旧牵手的伴侣。心动一时的只是感情，携手一生的才是爱情。

人的一生会遇到两个人：一个惊艳了时光，一个温暖了岁月。

那天，一直下着雨，山路崎岖，泥浆混合着雨水冲刷着道路，他开了雨刮器，睁大眼睛，拼命地盯着前方，不敢有一丝懈怠。

坐在副驾驶位置上的女孩，有一张艳红的唇，似乎还沉浸在自己的情绪之中，自顾自地说着火辣辣的情话："你什么时候娶我啊？你还要人家等多久嘛！你说话啊！晚上睡不着觉，脑子里都是一个人的影子……"

他的心战栗了一下，这样火辣辣的情话和娇媚幽怨的语调，别说他一个大男人，就连车上的汽油桶也会被引爆。他腾出一只手，把她的小手轻轻握住，安慰她："宝贝儿，别急，给我一点时间……"

话还没有说完，一辆大卡车迎面开来，他措手不及，赶紧打方向盘，手忙脚乱中撞到旁边的峭壁上。

他挣扎着摸到放在车门上的手机，下意识地拨了一个电话号码，断断续续地说："我出车祸了，在通往新开的旅游景区的山路上……"

这个电话无异于八级地震，把正在上班的她一下炸晕了，有几秒钟，她的大脑一片空白，然后抓起桌子上的手袋，飞奔到楼下。

到了楼下，招手叫了的士，赶到出事地点才发现，这个傻子只给她打了电话，并没有报警，因为这条路刚修好不久，所以并没有人发现他们出事了。

来不及多想，她打了110报警，又打了120急救电话，最后又打了保险公司的事故处理电话，一一处理妥当，才有工夫仔细看他，车体已经严重变形，他伏在方向盘上，已经昏迷，有血从头发里往外渗。旁边的女孩面容惨白，双目紧闭，睫毛长长的，微微卷曲，五官精致美丽。

这是她第一次看到女孩，尽管半年前她就知道有这样一个女孩夹在他们中间，但亲眼见到时，心中还是生出复杂的情绪。

那天，是她结婚几年来，过得最黑暗的一天，理智与情感左冲右突，纠缠不休。从感情上来讲，她恨这个女孩，把他们好端端的感情弄得半死不活的，但从理智上来讲，必须要救她，否则会一辈子良心不安。

看着他们两个都进了急救室，然后她给女孩的父母打电话，联络方式是从她的手机里找到的，把女孩交给了她的父母，抛却私人恩怨不提，这是最妥善的处理方法。

然后自己独独地守着他。等在急救室门外的时候，她把他们从相识到结婚这几年来的感情，像过录像一样，一一回放，除了这个女孩是他们华丽的感情绸缎上的一只跳蚤外，其余都是宣纸上的墨，重彩绚丽。

十来个小时过去后，医生从急救室出来说："性命无忧，过两三天就会醒来。"她悲凉中透着欣喜，守在病榻前，盯着他看，心中柔情百转。

三天过去了，他醒了过来，却像换了一个人似的，不说，不笑，傻傻的，不认识似的看着她。叫他吃他就吃，不叫他吃，他就傻傻地坐着。

她慌了，跑去问医生，医生狐疑地说："原本该好了，怎么会变成这样？"检查不出原因，医生着急，她更着急，最后医生得出结论：由于惊吓过度，可能是暂时患了失忆症。

为了帮他找回记忆，她带他去了恋爱时约会的一座桥。那时候，他们还年轻，在这座桥上，他说过，永远不负她。她问他："你还记得那时你说过的话吗？永不负你。这四个字一直嵌在我的记忆里，每次心情不好时，想到你这四个字，我就会觉得很温暖，就会觉得生活有动力。"他傻乎乎地对着她笑。

她带他去他们结婚时租的一间平房，那间房子，矮小破旧，四面透风，冬天冷、夏天热。站在那处即将拆迁的旧房里，她含着热泪问他："你还记得吗？在这里，你说过，要给我一处大房子，冬天有暖气热水。晚上去卫生间，再也不用奔跑着去街边的公厕。"他看着她，依旧傻傻的表情。

她带他去看了那个女孩，女孩比他的伤轻很多，早好了。女孩看见她时，以为她是兴师问罪的，怯怯地等了很久，不见她言语，便说："能问你一个问题吗？"她点点头。女孩看看旁边的他，正傻乎乎地忙着折手里的纸飞机，女孩迟疑地问："你为什么要救我？你不恨我吗？出事的地方，人烟稀少，你不救我，从此就少了我这个对手。"她淡淡地笑了，轻轻地吐出一个字："恨。"是的，怎么会不恨呢？她也是一个正常的女人。

她缓缓地说："可是，我爱他，所以不想让他因为你的意外而负疚终生。"

他再也装不下去了，手里的纸飞机一下子落到地上，轻轻地走到她面前，牵起她的手说："爱都藏在记忆里，用不再找了，我们回家吧！"

女孩羞赧地站在原地，看着他们互相依偎着离去的背影发呆，发现原来自己并未懂得爱的真谛。

人生若只如初见

人生若只如初见

往昔虽已渐远

陌生也终成了熟悉

就像夹在日记中的那一叶红枫

虽然早已风干

却依旧残留着初时的芳香

然而

人生若只如初见

没有初见后的改变

又何来初见时的美丽

　　1928 年那个夏天之前，他们曾有过几面之缘，她只知道他是上海平民女校的教员，二人却没有交往过。那个山雨欲来风满楼的夏日，命运的大手翻云覆雨，将一对原本陌路的人牵到了一起。

　　他因用"矛盾"的笔名发表《幻灭》、《动摇》、《追求》三部曲，引起左翼文人在报纸杂志上对他进行批判，他正苦闷着。她的情况也好不到哪里去，在刚刚过去的"二七"北伐战争中，她从战马上跌下来，住在上海朋友家里养伤。那年夏天，她希望朋友能帮助她办理前往苏联的手续，而他正有意前往日本。朋友在中间一撮合，天涯孤旅，他们就成了彼此的伴。1928年七月初，他们一起踏上了由上海开往日本的小商船。

漫漫的海上航行单调又辛苦，他们却因为有了彼此相伴，不再寂寞。他常常约她到舱外，凭栏远眺，看碧海蓝天鸥鸟飞翔。船在无边的海上慢慢行驶，他们的心也在一点点向着彼此靠近。

对于他的身世，他那桩由父母之命媒妁之言定下的不幸婚姻，她听得很多，也越发在心底里同情和敬慕这位才华出众的作家。他对她的喜欢，更是不加掩饰。他给朋友写信，绘声绘色地描述她的穿戴，她的一颦一笑。甚至她脑后一小缕少白的头发在海风里被掀卷成灰色，他都意兴盎然地写下来，读给她听，读完二人相视开心大笑。他把印了她名字的名片一张张丢到海里，拍着手大笑："看，秦德君跳海了。"他叫她"阿姐"，她叫他"小淘气"，尽管他比她整整大了10岁。

在日本，同是天涯漂泊人的异乡情结，让他们走得更近。她在学校读书，他便天天往她住的女子宿舍跑。他迫切希望能创作出自己的第二部作品，可他没有素材，她便把女友胡兰畦逃婚和参加革命的经历讲给他听。他没去过四川，她就把那里的一山一水及当地的风土人情详详尽尽地娓娓道来。她讲，他写。他写好一章，她帮他把里面的人物对话改成四川方言，以求更好的表达效果。

那是一段忙碌又幸福的日子。小说写完后，取名为《虹》。她说，四川多彩虹，彩虹有一股妖气，又有一股迷人的魔力。《虹》在《小说月报》刊出，反响非同一般。人们记住了他的名字，而《虹》背后的这一段故事可能就鲜有人知了。

由友情到爱情，从来都是两厢情愿不知不觉的事情。他们相恋，同居，她怀了他的孩子。孩子自然是不能要的，因为贫穷，也因为他们还有事业梦想。

1929 年冬天，由于在日本的中国共产党组织遭到破坏，平时与他们交往的一些朋友也被捕了。1930 年 4 月，他们被迫回到上海，先住旅馆，后住到朋友家里。他带着她去看望自己的家人，公开了他们的关系。那时，他想着同结发妻子离婚，给她一个名分，可他却低估了家庭的力量。结发妻子的哭闹，母亲的逼迫，让他左右为难。

那样的境地，是她不能忍受的，她提出分手。他只能给她一个 4 年之约的承诺，他要用 4 年的时间赚取足够的稿费，支付与结发妻子的离婚费用。

她并没等到那个 4 年之约结束，分手不过数月，他已决然回归家庭。她再度去医院，打掉了腹中的胎儿，那是他和她的第二个孩子。身心的双重伤痛。让她一病不起，她被人悄悄送回四川老家养病。他留在上海，为人夫，为人父。一别 4 年，恍惚又是一世。当初那些爱的誓言，随风飘逝了。

抗日战争爆发后，他去重庆参加进步文艺活动，和她见过几面。"1938 年在重庆天官府 7 号，在郭沫若领导的文化工作委员会的大门口，那天阴雨绵绵，我穿着玫瑰红晴雨两用衣正要进门，冷不防同正从里面出来的茅盾撞了个满怀。他手里拿着黑雨伞。我们不约而同地都站住了，彼此都不知说什么好。我的喉头梗塞住了，他低下头去，不敢正眼看我。他还是那样消瘦，那般憔悴，我倒有些可怜他了。"在她的自传《火凤凰——秦德君和她的一个世纪》一书中，她记述了当年的久别重逢。

他和她的故事，曾经被封存了好久。因他是人们喜欢的革命作家，因她有着传奇的经历，把她与他联到一起，对他的名声似乎是一种玷污。是的，她与左翼文人缠绵悱恻过，也曾同军阀逢场作戏，与国民党高官周旋。她数次入狱，几度死里逃生，活到 95 岁高龄。她把自己的一生献给了爱，在那段相知相恋的岁月里，他和她，曾经心心相系牵手走过。这份爱情，可以被岁月的风尘淹没，却无法从他和她的生命中剔除。

"人生若只如初见，何事秋风悲画扇。等闲变却故人心，却道故人心易变。"是的，人生若只如初见，所有往事都化为红尘一笑，只留下初见时的惊艳、倾情，而忘却也许有过的背叛、伤怀、无奈和悲痛。这是何等美妙的人生境界。

在最美的年华里，你遇见了谁

一生至少该有一次，

为了某个人而忘了自己，

不求有结果，不求同行，

不求曾经拥有，

甚至不求你爱我。

只求在我最美的年华里，遇到你。

——徐志摩

　　宏和妮可走在落叶铺成的路上，身后是两排高大的不知名的树木，大而泛白的叶子，干枯而平静，落叶营造出仿若初雪降临的季节。黑色镶水晶的八角绒帽，漆黄色的短款羽绒服和黑色的呢子短裙，妮可微红的脸颊，在镜头前留下淡淡的微笑。这抹微笑像冬天穿过森林里那缕细细柔柔的阳光一样，宁静、淡泊，又温暖，没有什么能给这个冬天更美好的诠释了。妮可看着前方，放空的思绪，身边的宏和她一致的步调，没有言语，若有若无的感觉，那是另一种自由，就这样贴心地同行，什么都不需要。

　　"我喜欢长得干干净净的男生，漂亮的头发。"妮可曾经这样说。

　　那个长得干干净净的男生，走进了妮可最美的年华。妮可在 KTV 录了一首歌，在里边大声地唱："我的世界变得奇妙更难以言语，还以为是从天而降的梦境，直到确定手的温度来自你心里，这一刻也终于勇敢说爱你！"一起去的旋转餐厅，路灯下牵着手的长长影子，画板上梳着麻花辫的妮可，挽着他的胳膊去看漂亮的房子，这些片段一一装点着妮可的年华。妮可描绘着未来的画面，一起跳拉丁，去湖边画画，一起旅行，会有多漂亮的孩子……那个长得干干净净的男生有着漂亮的头发，最后一次和妮可擦肩而过的时候，正打算把头发留得长一些，和妮可去拍漂亮的婚纱照。但他们就这样擦肩而过了，不论是争吵还是误会，擦肩在喧闹的街头，在昏黄的路灯下，在拥挤的人群中，在没有星星的夜晚，在那些曾经写满誓言的地方。

那段最美的年华，只属于那个长得干干净净的男孩，即便宏走进了妮可的世界。宏像冬天的暖阳，照进了密林深处，初雪的季节，俏皮的松鼠和沉默的空气都为之苏醒。妮可在阳光里细数和那个男孩的过往，那些充满了幻想和甜蜜的未来，都只是那个男孩为妮可做的梦而已。可是感情这一件奇怪的东西，已经在心里住了下来，又怎么可能轻易地离开呢？这屋子里有太多你的好，恐怕一生都不敢去打扫，我原来是你手中的宝，如今抱着孤独坐在墙角……

妮可放下卷曲的长发，是第二年夏天。秋千上的妮可看着镜头后边的宏，像一条小美人鱼一样单纯羞涩地微笑。那个长得干干净净的男孩，挽着别的女孩，要走他们的一生一世，妮可看着宏，想象着她和宏的一生一世。妮可收到了男孩的信，那个长得干干净净的男孩，给过妮可温柔优雅的爱情，也给过妮可没有结局的忧伤，在和妮可再次擦肩的某一天，看到了明媚的妮可伫立在人潮汹涌的街头，也看到了阳光灿烂的宏。男孩说我知道我真的错了，男孩说其实当时留长发就想和你去拍婚纱照，男孩说其实婚后并不幸福，男孩还说了很多很多。妮可捂着被子回忆那段最美的年华，睡梦中一遍一遍哭泣的妮可，终于在清晨的阳光下平静下来。

世界上只有两种可以称之为浪漫的情感，一种叫相濡以沫，另一种叫相忘于江湖。男孩回首往事的时候，也许意识到那一些细碎的小事，只是一时三刻的一念之差，那些忐忑，那些纠结，那些欲言又止，那些不愿解释，就改变了整件事情发展的方向。那段情感像璀璨的流星一般，划过曾经寂寞的夜空，灿烂得无以复加，却也就那样无声无息地消逝了。爱情不会给你多少时间去相遇，去分离，去选择，去后悔，就像妮可的生命中不会永远只有那个长得干干净净的男孩。男孩的信被妮可放到了回忆的角落里，那段逝去的情感，永远被尘封起来。理着小平头的宏，用他健康有力的手，牵起了温柔的妮可，从此相濡以沫。而记忆中的男孩带着那段最美的年华渐行渐远，相忘于江湖。

最美的华年里，你遇到了谁？也许会有一段让你珍藏的感情，纯净如春天的湖水，冬天的飞雪。在时间的荒野里，也许相遇得太早，相逢又分离，但那段浪漫的记忆，因为成为记忆而永远地定格在最美的年华里。我们缅怀的，不是过去，而是那个时候的自己，还有成长的过程。

没人会真正因为一段过往而永远无法释怀。人都有自愈能力。心灵的伤口如同肌肤的伤口，没有什么特效药，需要时间慢慢复原。但如果你自己折磨自己，伤口处理不当，又怎么能完好如初呢？放过自己，翻过成长日记中这沉重的一页，过几年你再读，是完全不一样的感觉。

牵着你的手去看细水长流

婚姻确是个难题。性别是大自然的一个最巧妙的发明，但是，婚姻是人类的一个最笨拙的发明，自从发明了婚姻这部机器以后，它老是出毛病，我们为调试它、修理它，伤透了脑筋……但是婚姻回归到最原始，它依然是我们的爱情。

关于爱情，有时候只要说一句"我愿意"，这淡淡的三个字，却道出了爱情的坚定和温暖。千山万水虽然轰轰烈烈，但是细水长流的爱情却更加让人感动和坚实。它能经得起流年的腐蚀，经得起岁月的洗涤，它让双方心里有了一份坦然和对未来的信心。

1

丈夫斥责道："你烧的这哪里是青菜？蜡黄蜡黄的。"

妻子立刻回答："你每天回家这么晚，当然不会知道它们在我的锅铲上也曾经'青春'过。"

（当我们开始注意身边的帅哥美女，觉得自己的枕边人再没有往日荣光的时候，请不要忘记，他（她）此生最美丽的年华是陪在我们身边的。）

2

他和她邂逅在火车上，他坐在她对面，他是个画家。他一直在画她，当他把画稿送给她时，他们才知道彼此住在一个城市。两周后，她便认定了他是她一生所爱。

那年，她做了新娘，就像实现了一个梦想，感觉真好。但是，婚后的生活就像划过的火柴，擦燃之后就再没了光亮。他不拘小节、不爱干净、不擅交往，他崇尚自由，喜欢无拘无束，虽然她乖巧得像上帝的羔羊，可他仍觉得婚姻束缚了他。但是他们仍然相爱，而且他品行端正，从不拈花惹草。

她含着泪和他离了婚，但是带走了家门的钥匙。她不再管他蓬乱的头发，不再管他几点休息，不再管他到哪里去、和谁在一起，只是一如既往地去收拾房间，清理那些垃圾。他也习惯她间断地光临，也比在婚姻中更浪漫地爱她，什么烛光晚餐、远足旅游、玫瑰花床，她都不是在恋爱和婚姻中享受到的，而是在现在。除了大红的结婚证变成了墨绿的离婚证外，他们和夫妻没什么两样。

后来，他终于成为了有名的艺术家，那一尺尺堆高的画稿，变成了一打打花花绿绿的钞票，她帮他经营帮他管理帮他消费。他们就一直那样过着，直到他被确诊为癌症晚期。弥留之际，他拉着她的手问她，为什么会一生无悔地陪着他。她告诉他，爱要比婚姻长得多，婚姻结束了，爱却没有结束，所以她才会守候他一生。

（爱比婚姻的长度要长，婚姻结束了，爱还可以继续，爱不在于有无婚姻这个形式，而在于内容。）

3

一对夫妇长期和谐相处为人津津乐道。当地的一位记者问
及幸福婚姻的秘诀，丈夫向记者解释说：嗯，这就要从我们的
蜜月说起了。我们到大峡谷度蜜月，原本我们是要骑驴子到峡
谷底，不过才走了没有多久，我太太的驴子就跌了一跤，我太
太安静地说："第一次。"再次上路以后没有多久那只驴子又跌
了一跤，我太太又安静地说："第二次。"还没有半里路驴子又跌
跤了，这时我太太拔出她的左轮手枪毙了那只驴子。我很不能
认同她的行为，于是开始与她争论，这时，我的新婚妻子安静
地对我说：第一次……

（婚姻中必须要有一些值得敬畏的底线，通过彼此试探，知
道对方的底线在什么地方，有意识地退让，永远不要让自己肆
无忌惮。）

4

他是个搞设计的工程师，她是中学毕业班的班主任老师，
两人都错过了恋爱的最佳季节，后来经人介绍而相识。没有惊
天动地的过程，平平淡淡地相处，自自然然地结婚。

婚后第三天，他就跑到单位加班，为了赶设计，他甚至可
以彻夜拼命，连续几天几夜不回家。她忙于毕业班的管理，经
常晚归。为了各自的事业，他们就像两个陀螺，在各自的轨道
上高速旋转着。

送走了毕业班，清闲了的她开始重新审视自己的生活，审视自己的婚姻，她开始迷茫，不知道自己在他心里有多重，她似乎不记得他说过爱她。一天，她问他是不是爱她，他说当然爱，不然怎么会结婚。她问他怎么不说爱，他说不知道怎么说。她拿出写好的离婚协议，他愣了，说，那我们去旅游吧，结婚的蜜月我都没陪你，我亏欠你太多。

他们去了奇峰异石的张家界。飘雨的天气和他们阴郁的心情一样，走在盘旋的山道上，她发现他总是走在外侧，她问他为什么，他说路太滑，他怕外侧的栅栏不牢，怕她万一不小心跌倒。她的心忽然感到了温暖，回家就把那份离婚协议撕掉了。

（很多时候，爱是埋在心底的，尤其是婚姻进行中的爱，平平淡淡，说不出来，但是真实存在。）

5

小高对妻子说："你老爱与隔壁小杨家比，他家装修了房屋，你要我也照着他家的装修模式装修我们家的房屋；他家买了一台电脑，你要我也买一台和他家一模一样的电脑，你看这下可怎么办？"

"他们家又增添什么新玩意了吗？"妻子焦急地问道。

"他昨天娶了一个年轻漂亮的老婆。"丈夫答道。

（不要总去和别人比，更不要一味地去效仿某个家庭，每一对夫妻都有属于自己的境遇，不可能完全拷贝别人的幸福，能够活出自己的快乐就好。）

6

小林的邻居回家，看见小林正站在门外，于是他奇怪地走上去问："咦，小林，怎么？进不了门了？"

小林微笑着说："脑子不行啦，忘带钥匙了！"

"先到我家坐坐吧。"邻居热心地说。

小林推辞道："不了，太太马上就回来。"

等邻居走后，小林轻轻地对着门哀求："亲爱的，求求你开开门，我承认错误还不行吗？"

（人都是要面子的，很多时候宁可委屈自己，也不愿意在外人面前丢脸，夫妻之间有天大的冲突也应该在屋里解决，任何时候都不该让一道铁门隔住两个人。）

7

一对夫妇坐在海滨浴场休息时，丈夫老是注视着过往的每一个漂亮姑娘，妻子责备丈夫说："放尊重点儿，罗伯特，你已是结过婚的人了！"

"这有什么？假如我吃的是病号饭，这也并不意味着我无权看豪华饭店的菜谱！"丈夫反驳说。

（有些小动作是出于人类本性的，不要去压抑，在不触及原则底线的时候，留一点空间并没有坏处，人真的会产生审美疲劳的。）

8

他和她属于青梅竹马，相互熟悉得连呼吸的频率都相似。时间久了，婚姻便有了一种沉闷与压抑。她知道他体贴，知道他心好，可还是感到不满，她问他，你怎么一点情趣都没有，他尴尬地笑笑，怎么才算有情趣？

后来，她想离开他。他问，为什么？她说，我讨厌这种死水样的生活。他说，那就让老天来决定吧，如果今晚下雨，就是天意让我们在一起。她看了看阳光灿烂的天空说，如果没下雨呢？他无奈地说，那我就只好听天由命了。

到了晚上，她刚睡下，就听见雨滴打窗的声音，她一惊，真的下雨了？她起身走到窗前，玻璃上正淌着水，望望夜空，却是繁星满天！她爬上楼顶，天啊！他正在楼上一勺一勺地往下浇水。她心里一动，从后面轻轻地把他抱住。

（婚姻是需要一点情趣的，它就犹如沙漠中的一片绿洲，让我们疲劳的眼睛看到希望和美，适当地给"左手"和"右手"一种新鲜的感觉吧！）

9

楼下住着一对老夫妻，男的是离休的处级干部，女的退休前是一家大医院的主任医师，他们的两个孩子，一个是某局里的中层干部，一个在国外读书。

入秋的一个傍晚，我看见那老夫人在翻晒萝卜，我很奇怪，

像她这样的家庭，还用自己腌菜吃吗？我问她，张阿姨，你家还
腌咸菜吗？那老夫人很有丰韵，笑起来一脸的幸福，她说你王
伯就爱吃我做的萝卜咸菜，吃了一辈子都不腻，过去工作再忙，
都要给他晾菜，何况现在退休了，有的是时间。

望着翻菜的老人，忽然就想起林语堂先生的名言：爱一个
人，从他肚子起。对那些走过几十载风风雨雨的婚姻来说，爱
可能真的就落在碗里，落在"萝卜干"上了。

（不是每份爱都是惊天动地的，实实在在，朴实无华是婚姻
的一种境界。）

太阳花

18 岁的他被起重机吊着的钢板挫伤腰椎，

腿也险些被砸断。

在营养和药物的刺激下，

他迅速地胖起来，没了英俊模样。

父亲边吹着热气边将一勺热汤往他嘴里送，

骨头汤补钙，你多喝点。

他一掌推过去，喝喝喝，

我都成这样了，还有什么用啊？

热汤洒在父亲脚上，起了明亮的泡。

父亲疼得嘴角抽搐，眼睛却笑着。

很多年后，父亲生病住进医院。

那个护士一连几针都没有扎进血管里。

他一把推开她，将热毛巾敷在父亲的手上，

对护士说，你能不能等手艺学好了再来扎？

那是肉，不是木头！

他说完，

猛然想起 18 岁那年父亲也曾这样粗暴地训斥过为他扎

针的护士。

世界上最心酸的秘密

也许真正的爱就是这样：我爱你，不图一丝回报；我爱你，用我的心，用我的命，用我所有的一切。

楼下的简易房里住着父子俩。他们白天去捡破烂儿，晚上回来就住在这里。

父亲看上去有四十多岁的样子，儿子有十多岁吧。让人心酸的是，他们都是残疾，走起路来一拐一拐的。父亲驼背，看上去只有一米六的样子；儿子长得很好看，脚却不好。他们一拐一拐地去捡破烂儿，唯一的运输工具是那辆破旧的三轮车。

搬家的时候，我把不要的东西全给了他们——旧书旧报纸旧家具，还有一张小床。我说："不要钱，是我送给你们的。"

他们很感动。就这样，我们认识了。

男人姓白，是从安徽过来的。因为穷，所以媳妇跟人走了。他一个人领着孩子来北方谋出路，靠着拣破烂儿过生活。

我悄悄地告诉邻居们，有破烂儿就卖给他们。当然，如果能送给他们更好。

男人舍不得花一分钱，常年穿着那身破衣服，只在过年的时候给孩子买身新的。他们还是在简易房里过年，有人给他们送饺子，我送的是单位发的腊肉，他感激地说："城里人真好。"

他性格木讷，不肯多言。一天，邻居突然对我说。老白好像有对象了。

我说："真的啊。谁看得上他啊？"

后来我还真看到过一次。

是一个也拉扯着一个孩子的女人，家在本地，有自己的房子，打算和他一起过。老白却不愿意。

我有点纳闷儿，去问老白。老白抽着烟，一袋又一袋地抽着。他说："我不敢结婚，一是怕耽搁人家；二是我得攒钱。儿子的腿要做手术，得十多万。大夫说越早做越好。我不能让他一拐一拐地走路。我不能结婚。一结婚，负担就重了。"说这话的时候，老白很严肃。

后来，我很多天没有看到老白，总怀疑他去了外地。简易房也拆掉了。只是可怜天下父母心，十几万，什么时候可以攒够啊？！再后来，我听说了一件事，眼泪当时就掉了下来。

是我朋友公司里出了事。朋友是做建筑的，招了一个男人。没干几天，就从楼上掉下来了。公司要给他治伤，他却说："别治我了，我都四十多了，赔我点钱，给我儿子做手术吧。"

公司的人不能理解，更不愿意给这笔钱。

男人哭着说："求求你们了，给他做手术吧，我……我是故意的……出了意外就会赔钱。我想让你们给我儿子做手术。这孩子跟着我不容易；我还想告诉你们，儿子……儿子是我捡来的，我根本不能生育……"

听到这里，所有人都惊呆了。

那个朋友也哭了，他告诉公司的人，给他儿子做手术，也要救他！后来，孩子做了手术，不再一拐一拐地走路了。可男人仍然一拐一拐的，父子俩依旧以拣破烂儿为生。过年过节的时候，父子俩就给公司老总送点玉米和山芋过去，他们知道感恩。公司老总仍然穿梭于生意场上。可是，他忘不了那个秘密。

老白曾说："这个秘密我不想让儿子知道，因为儿子说我是世界上最好的爹。"

世上总有各种各样的秘密，其中最心酸的秘密，是老白倾尽所有爱着这个孩子，这个孩儿子却不知道，老白并不是他的亲生父亲。

这个世界上，谁能守候你一生

父亲，

是人类史上的强音；

是刚强坚韧的代名词；

是社会生活的排头兵。

她两岁的时候，有一次发高烧，昏迷不醒。父亲连夜抱着她去医院，路上，已经昏迷了一天的她，突然睁开眼睛，清楚地叫了声："爸爸！"

父亲后来常常和她提到这件事，那些微小的细节，在父亲一次次的重复中，被雕刻成一道风景。每次父亲说完，都会感叹："你说，你才那么小个人儿，还昏迷了那么久，怎么就突然清醒了呢？"这时候，父亲的眼睛里满满的都是温柔和怜爱。说得次数多了，她便烦，拿话呛他，父亲毫不在意，只嘿嘿地笑，是快乐和满足。她的骄横和霸道，便在父亲的纵容中拔节生长。

父亲其实并不是个好脾气的人，暴躁易怒。常常，只是为一些鸡毛蒜皮的生活小事，他会和母亲大吵一场，每一次，都吵得惊天动地。父亲嗜酒，每喝必醉，醉后必吵。从她开始记事起，家里很少有过温馨平和的时候，里里外外，总是弥漫着火药的味道。

父亲的温柔和宠爱，只给了她。父亲很少当着她的面和母亲吵架，如果碰巧让她遇到，不管吵得多凶，只要她喊一声："别吵了！"气势汹汹的父亲便马上低了头，偃旗息鼓。以致后来，只要爸妈一吵架，哥哥便马上叫她，大家都知道：只有她，是制服父亲的法宝。

她对父亲的感情是复杂的，她一度替母亲感到悲哀，曾经在心里想：以后找男朋友，第一要求要性格温柔宽容，第二便是不嗜烟酒。她决不会找父亲这样的男人：暴躁、挑剔、小心眼儿，为一点小事把家里闹得鸡犬不宁。

可是，做他的女儿，她知道自己是幸福的。

她以为这样的幸福会持续一生，直到有一天，父亲突然郑重地告诉她，以后，你跟爸爸一起生活。后来她知道，是母亲提出的离婚。母亲说，这么多年争来吵去的生活，厌倦了。父亲僵持了很久，最终选择了妥协，他提出的唯一条件，是一定要带着她。

虽然是母亲提出的离婚，可她还是固执地把这笔账算到了父亲的头上。她从此变成了一个冷漠孤傲的孩子，拒绝父亲的照顾，自己搬到学校去住。父亲到学校找她，保温饭盒里装得满满的是她爱吃的红烧排骨。她看也不看，低着头，使劲往嘴里扒米饭，一口接一口，直到憋出满眼的泪水。父亲叹息着，求她回家去，她冷着脸，沉默。父亲抬手去摸她的头，怜惜地说，看，这才几天，你就瘦成这样。她"啪"地用手中的书挡住父亲的手，歇斯底里地喊："不要你管！"又猛地一扫，桌子上的饭盒

"哐当"落地，酱红色的排骨洒了一地，浓浓的香味弥漫了整个宿舍。

父亲抬起的手，尴尬地停在半空。依他的脾气，换了别人，只怕巴掌早落下来了。她看到父亲脸上的肌肉猛烈地抽搐了几下，说："不管怎样，爸爸永远爱你！"父亲临出门的时候，回头深深地看了她一眼。她看着父亲走远，坚守的防线轰然倒塌，一个人在冷清的宿舍里，看着满地的排骨，号啕大哭。

她只是个被父亲惯坏了的孩子啊。

秋风才起，下了晚自习，夜风已经有些凉意。她刚走出教室，便看见一个黑影在窗前影影绰绰，心里一紧，叫，谁啊？那人马上就应了声，丫丫，别怕，是爸爸。父亲走到她面前，把一卷东西交给她，叮嘱她："天凉了，你从小睡觉就爱蹬被子，小心别冻着。"她回宿舍，把那包东西打开，是一条新棉被。把头埋进去，深深吸了口气，满是阳光的味道，她知道，那一定是父亲晒了一天，又赶着给她送来。

那天，她回家拿东西。推开门，父亲蜷缩在沙发上，人睡着了，电视还开着。父亲的头发都变成了苍灰色，面色憔悴，不过一年的时间，意气风发的父亲，一下子就老了。她突然发现，其实父亲是如此的孤寂。呆呆地站了好久，拿了被子去给父亲盖，父亲却猛然醒了。看见她，他有些紧张，慌忙去整理沙发上乱七八糟的东西，又想起了什么，放下手中的东西，语无伦次地说："还没吃饭吧？等着，我去做你爱吃的红烧排骨……"她本想说不吃了，我拿了东西就走。可是看见父亲期待而紧张的表情，心中不忍，便坐了下来。父亲兴奋得像个孩子，一溜小跑进了厨房，她听到父亲把勺子掉在了地上，还打碎了一个碗。她走进去，帮父亲收拾好碎片，父亲不好意思地对她说："手太滑了……"她的眼睛湿湿的，突然有些后悔：为什么要这样伤害深爱自己的人呢？

她读大三那年，父亲又结婚了。父亲打电话给她，小心翼翼地说："是个小学老师，退休了，心细、脾气也好……你要是没时间，就不要回来了……"她那时也谈了男朋友，明白有些事情，是要靠缘分的。她心里也知道，这些年里父亲一个人有多孤寂。她在电话这端沉默良久，才轻轻地说："以后，别再跟人吵架了。"父亲连声地应着："嗯，不吵了，不吵了。"

暑假里她带着男友一起回去，家里新添了家具，阳台上的花开得正艳。父亲穿着得体，神采奕奕。对着那个微胖的女人，她腼腆地叫了声："阿姨。"阿姨便慌了手脚，欢天喜地地去厨房做菜，一会儿跑出来一趟，问她喜欢吃甜的还是辣的，口味要淡些还是重些。又指挥着父亲，一会儿剥葱，一会儿洗青菜。她没想到，脾气暴躁的父亲，居然像个孩子一样，被她调理得服服帖帖的。她听着父亲和阿姨在厨房里小声笑着，油锅响，油烟的味道从厨房里溢出来，她的眼睛热热的，这才是真正的家的味道啊。

那天晚上，大家都睡了后，父亲来到她的房里，认真地对她说："丫丫，这男孩子不适合你。"她的倔强劲儿又上来了："怎么不适合？至少，他不喝酒，比你脾气要好得多，从来不跟我吵架。"父亲有些尴尬，仍劝她："你经事太少，这种人，他不跟你吵架，可是一点一滴，他都在心里记着呢。"

她固执地坚持自己的选择，工作第二年，便结了婚。但是却被父亲不幸言中，她遗传了父亲的急脾气，火气上来，吵闹也是难免。他从不跟她吵架，但是他的那种沉默和坚持不退让，更让她难以承受。冷战、分居，孩子两岁的时候，他们离了婚。

离婚后，她一个人带着孩子，失眠，头发大把大把地掉，工作也不如意，人一下子便老了好多。有一次，孩子突然问她："爸爸不要我们了吗？"她忍着泪，说："不管怎样，妈妈永远爱你。"话一出口她就愣住了，这话，父亲当年也曾经和她说过的啊，可是她，何曾体会过父亲的心情？

父亲在电话里说，如果过得不好，就回来吧。孩子让你阿姨带，老爸还养不活你！她沉默着，不说话，眼泪一滴滴落下，她以为父亲看不见。

隔天，父亲突然来了，不由分说就把她的东西收拾了，抱起孩子，说，跟姥爷回家喽。

还是她的房间，阿姨早已收拾得一尘不染。父亲喜欢做饭，一日三餐，变着花样给她做。父亲老了，很健忘，菜里经常放双份的盐。可是她小时候的事情，父亲一件件都记得清清楚楚。父亲又把她小时候发烧的事情讲给孩子听，父亲说："就是你妈那一声'爸爸'，把姥爷的心给牵住了……"她在旁边听着，突然想起那句诗："老来多健忘，唯不忘相思。"

初春，看到她一身灰暗的衣服，父亲执意要去给她买新衣，他很牛气地打开自己的钱包给她看，里面一沓新钞，是父亲刚领的退休金。她便笑，上前挽住父亲的胳膊，调皮地说："原来傍大款的感觉这么好！"父亲便像个绅士似的，昂首挺胸，她和阿姨忍不住都笑了。

走在街上，父亲却抽出了自己的胳膊，说，你前面走，我在后面跟着。她笑问，怎么，不好意思了？父亲说，你走前面，万一有什么意外，我好提醒你躲一下。她站住，阳光从身后照过来，她忽然发现，什么时候，父亲的腰已经佝偻起来了？她记得，以前父亲是那样高大强壮的一个人啊。可是，这样一个老人，还要走在她后面，为她提醒可能遇到的危险……

她在前面走了，想，这世界上，还有谁会像父亲一样，守候着她的一生？这样想着，泪便止不住地涌了出来。也不敢去擦，怕被身后的父亲看到。只是挺直了腰，一直往前走。

让人泪流满面的父子间的经济往来

世界上最结实的墙，是父亲的背；世界上最隐形的爱，是父亲的爱；世界上最宽广的海，是父亲的胸怀。是父亲用他那略带有弧度的背为我们撑起了一片幸福的蓝天。

1985 年上学之前，爸爸给我最大的一笔钱是压岁钱：10 块，最少的记不清了，大概够买一包"五香瓜子"，打消我的馋虫。那时候他的工资 35 块钱。

1990 年之前，过年收到的压岁钱都由妈妈代管，自从上了中学，那些钱都归我自己了。住在学校伙食自理，每周爸爸给我 20 块钱，其实那些钱根本花不完。初中三年我居然攒了 200 多块，给家里买了两只小羊。

我上高中后，在县城住校，父亲给我的钱也在逐渐增加，每年除了 2000 元的学杂费外，每月还给我 200 元生活费。那时候他的工资是 280 元。

1998 年我上大学的学费每年 2300 元，住宿 120 元，雷打不动。另外，父亲每月还给我 300 元的生活费，每年都要 7000 元左右。大学三年有增无减，直到我工作。

　　我给父亲的第一笔钱是在 1999 年春天，23.5 元是我的第一笔稿费。那天父亲喝多了，把那本发我文章的杂志摆在家里最显眼的地方。

　　2001 年我工作第一个月的薪水是 650 元。我打电话给父亲，说要将钱寄给他，他坚决不同意，后来没有办法，便说，给你妈买点东西吧，咱家她最辛苦。我给妈妈买了一枚金戒指，680元。当年爸爸的工资每月 360 元，企业面临破产。

　　2002 年我用 2000 元稿费给下岗的爸爸买了一台彩电，过年给了妈妈 1000 块钱。他常指着那台彩电对客人说，这是大儿子写出来的电视啊。

　　2003 年父亲的生日我汇款 1000 元。秋天他来我工作的城市送妹妹读书，我请他吃饭，他不去大饭店。我没有时间陪他在城里游玩，一周之后他说想家便回去了，火车票是他自己买的。

　　2004 年冬天，母亲生病住院，我拿出 1 万元给爸爸，当时他揣在棉大衣里一个劲儿地摸，惹得妈妈在床上笑话他"没见过世面"。

　　2005 年父亲被查出有严重的高血压，每天服药。我给他买了一台电子血压仪，打 7 折，398 元。弟弟上大学我给了父亲6000 元。父亲常拿血压仪给串门的邻居用，妈妈很不高兴。

　　2006 年春节，父亲催我赶紧结婚，我说等弟弟大学毕业再说。他一脸不高兴地说，你妹在你那边念书就给你添了不少麻烦，我和你妈还能干活，年底刚卖了一头小牛，2300 元呢。我不说话。下岗后，他的工资每月只有 100 元，弟弟第二年的学费生活费少说也得 7200 元，差得远哩。父亲默默去了东屋。

我正和弟弟、妹妹打牌，父亲过来说，你俩出去一下，我跟你哥说点事情。他俩出去了。

父亲说，我的事情不用你管，你 28 岁了，该成家了，不能耽误你。这两年你邮回来的钱我一分没动，你若买房子我把河堤上的树卖了再给你添点……

我打开存折，储户名付体昌，总计 32000 元，存钱的次数很多，最少的 560 元，最多 1 万元。

我的泪水不争气地流了下来。

我第一次痛哭，那年我21岁

越走越长的是远方，

越走越短的是人生，

越走越深的是亲情，

越久越浓的是爱情，

越走越近的是坟墓，

越走越明白的是道路。

我走进病房时，母亲正淌着泪从地上捡起破碎的碗碟。饭菜洒了一地，还冒着热气。母亲为这顿饭跑遍了四个市场，才备齐所有的原料。从凌晨4点就开始在厨房忙活，仅一锅汤就用三种火力，煲了8个小时。那何止是一顿饭，那是母亲的整颗心。父亲半坐半躺地倚在床头，一脸的恼怒。额上深深的"川"字显得格外狰狞。

我已经数不清，这是父亲第几次将母亲精心烹制的饭菜摔在地上了。自从父亲被确诊为癌症晚期后，就像变了个人。脾气一天比一天暴躁，而且越来越不通情达理，有事没事就对母亲大吵大嚷，有时甚至好端端的就对母亲讲些让她伤透心的话。母亲越是对他体贴入微，他的爆发便愈加残忍。

我呆呆地望着母亲。她只是默默地落着泪，缓缓地用手将地上的饭菜一把把地捧进垃圾桶。细碎的碗碴划破了她的手，殷红的鲜血一股股渗出，染红了雪白的米饭。

父母曾经是何等地相爱。在我的记忆中，他们几乎没有过一次像样的争吵。每次争执的产生，都伴随着另一方的退让而平息。他们彼此包容，彼此拥有。父亲会在结婚纪念日送母亲满篮艳丽的玫瑰；会用精粹的文字记述母亲的美丽与优雅；会在暴雨的夜晚撑伞守在母亲下班的路上。母亲也会为父亲编织针法最为繁琐的毛衣；会用钢琴演奏为他谱写的乐章；会在深夜点着台灯守候公事晚归的父亲，把饭菜热过十遍。然而这一切都随着病魔的侵袭而荡然无存。曾经那个深爱着母亲的父亲永永远远去了。

望着父亲粗暴的面孔，我的心万刃穿刺般疼痛。他曾经是一个多么文雅而有气魄的男人啊！他是优秀的作家，浪漫的诗人，体贴的丈夫，伟大的父亲。他的文章总是深刻而纯粹；他的诗篇总是唯美而感人；他会用男人的温柔抚慰娇妻；他会用父亲的挚爱抚育爱子。然而那一切的一切都已成为曾经。

我再也无法忍受，所有的现实与回忆纠结在一起犹如梦魇。我从心底憎恨与鄙视现在这个躺在床上的"懦夫"。他彻底沦陷在了病魔脚下。他残忍地伤害着爱他的人们。他是失败者，不但将要输掉生命，而且输掉了人格。

我愤恨地向父亲吼着：你是罪犯，是懦夫！我不要见到你，永远、永远不要！我跑出了医院。从此再也没有去看望过父亲。直到一个月后父亲去世时，我才在追悼会上见到了他最后一面，而且没有落下一滴眼泪。那一年我 9 岁。

父亲去世一年后，母亲再婚了。继父对母亲和我都很好。时间渐渐流逝，我和母亲又重新感受到了家庭的温暖。幼年丧父的阴影只在我心中停留了瞬间便消失殆尽。我很喜欢继父。相反父亲的痕迹在我脑海中越来越淡。甚至有时回忆起，便仅剩一丝对他的愤恨。我想母亲也应该有同感吧。

云卷云舒，花开花落。一日突然收到母亲的来信。里面夹着一篇发表在杂志上的文章。作者是父亲。母亲说这是她在父亲去世半年后，无意间在杂志上读到的，一直珍藏在身边，觉得是时候让我读一读了。这篇文章父亲从未向我们母子提起过，也没有留下底稿。我展开发黄的纸页，文章是有关爷爷的：

父，1924 年生人，祖籍山东。

……

世界的所有巨变发生在父亲卧病的那个秋季。饱读诗书、知情达理的那个父亲，随着褪去绿意的枯叶一同飘向无际的远方。他曾经是我们兄弟心目中的神啊！他曾经是母亲心目中的天啊！然而神终究走了，天终究塌了。虽然他气息尚存，但在我们心中，从前的父亲早已成为永世不再的曾经。

……

我们恨他，恨他一次次伤害无辜而贤良的母亲；恨他把我们心中伟岸的神柱一寸寸击毁；恨他在病魔面前的唯喏与颓唐。说不清父亲的去世对我们是一份解脱，还是一种交代。我们没有哭，谁也没有。

转年母亲嫁给了一位教书先生，他人很好。我们很快接受了他。

……

母亲去世后。我在整理遗物时发现了一封父亲留下的手书。母亲目不识丁，想必从未看过，只是一直保存在身边。

"吾与妻相怜甚。吾疾已入膏肓，日不久矣。恐寡妻于吾卒后而终不肯婚，而堂中四子皆幼，且以父为天。思必终不肯以人为父。遂以恶行昭昭于其面。愿其恶吾入骨，一时之痛，终益于一世之痛。若妻子夜安日逸，吾含笑黄泉矣。"

我第一次痛哭，那年我 21 岁。

康乃馨

儿子喜欢上了一个女人，

但是女人要他那母亲的心脏去求婚。

儿子拿到心脏以后往外跑，

一不小心跌倒了，

把心脏掉了，

再捡起时，

心脏问，

摔疼了吗？

这一生，我们还能见妈妈几次

游子探亲期满离开故乡，母亲送他去车站，在车站，儿子旅行包的拎带突然被挤断。眼看就要到发车时间，母亲急忙从身上解下裤腰带，把儿子的旅行包扎好。儿子问母亲怎么回家？母亲说：不要紧，慢慢走。

多少年来，儿子一直把母亲这根裤腰带珍藏在身边。多少年来，儿子一直在想，母亲没有裤腰带是怎样走回几里地以外的家？

20 岁以前，妈妈每天都能看到我，而现在我已经半年没有回过家了。

现在，妈妈 45 岁。我想如果她可以活 100 岁，那么还有 55 年。

我半年回家看她一次，我这一生，妈妈这一生，就只有 110 次机会见面了……

每次数学考试前，我总会祈祷我不要算错，只有这道题，我希望我是算错的，真的。

这是一道网上广为流传的数学题，得出了一个让人心酸的数字，但也许就是答案。我们一厢情愿地忙碌着自己的事情，以为母亲就在那里，好好的，并不需要我们的在意，但是，在我们和她分别的那些间隙里面，她却在慢慢地老去，关于她变老的事实，我们总是在后来才猛然察觉。在这过程中，她一直还在默默地为家庭付出着，又默默地承受着许多我们不知道的苦痛，也默默地等待着我们的关爱。其实，她一直很需要我们。

下面这些事情看来微不足道，但都能做到的人也许寥寥无几。在这个世界上，没有什么比妈妈给我们的母爱更赤诚，所以，也没有什么比孝敬母亲更加地不容等待。

每周：不管身在何方，每周给妈妈打电话，让她不要为你担忧。

每月：陪妈妈聊一次天，耐心分享她的喜怒哀乐，让她不会孤独。

每年：陪妈妈体检两次，关心她的健康，为她留住青春。

每年：生日和母亲节，送给妈妈一份有纪念意义的礼物。

两年：带妈妈去一次远途旅行，带给她美好回忆。

三年：努力工作学习，做出一些成绩，这是妈妈最想要的礼物。

五年：五年之后，因为有了你的关爱和努力，让妈妈看起来和现在一样年轻。

十年：十年之后，收集这十年里你为妈妈拍的照片，做一份独特影集，在照片旁边记录当时的场景，为妈妈留下时光的美丽。

　　我们不是没有孝心，只是我们总有太多太多的理由，让我们推迟了对妈妈的关爱。而在这种推迟中，你可知，妈妈正在老去；告别了年轻，忙碌中年，在更年期蹉跎，最终成为一个真正的老人：白发、皱纹和颤抖的手。在这个过程中，她在承受着什么，尤其是更年期那个漫长的从青春步向衰老的过程中，她的身心都在发生着怎样的变化，这些，我们都不应该忽视。

　　我看完觉得蛮惭愧的，你们呢？是时候该做些什么了……

这个世界上唯一不会生我气的人，去了

小时候

我是你心尖上的一片绿洲

再苦再累的日子

你总喜欢用温润的嘴唇贴近我的额头

长大后

我只是你情海里的一叶梦舟

无论我漂泊多远多久

手心里都拽不开你的温柔

后来

我成了你枝头上那一颗青柚

你总是用血色濯洗我满身岁月的尘垢

将希望浸染于生命的春秋

而今

我只是你酿的一杯酒啊

端起来 笑谈生活的欢乐和忧愁

独自品味着思念的香醇与浓稠

　　母亲真的老了，变得孩子般缠人，每次打电话来，总是满怀期待地问：你什么时候回家？且不说相隔一千多里路，要转三次车，光是工作、孩子已经让我分身无术，哪里还抽得出时间回家。母亲的耳朵不好，我解释了半天，她仍旧热切地问：你什么时候能回来？几次三番，我终于没有了耐心，在电话里大声嚷嚷，她终于听明白，默默挂了电话。隔几天，母亲又问同样的问题，只是那语调怯怯地，没有了底气。像个不甘心的孩子，明知问了也是白问，可就是忍不住。我心一软，沉吟了一下。

母亲见我没有烦，立刻开心起来。她欣喜地向我描述：后院的石榴都开花了，西瓜快熟了，你回来吧。我为难地说：那么忙，怎么能请得下假呢！她急急地说：你就说妈妈得了癌，只有半年的活头了！我立刻责怪她胡说，她呵呵地笑了。小时候，每逢刮风下雨，我不想去上学，便装肚子疼，被母亲识破，挨了一顿好骂。现在老了，她反而教着女儿说谎了，我又好气又好笑。这样的问答不停地重复着，我终于不忍心，告诉她下个月一定回去，母亲竟高兴得哽咽起来。

可不知怎么了，永远都有忙不完的事，每件事都比回家重要，最后，到底没能回去。电话那头的母亲，仿佛没有力气再说一个字，我满怀内疚：妈，生气了吧？母亲这一回听真了，她连忙说：孩子，我没有生你的气，我知道你忙。可是没几天，母亲的电话催得越发紧了。她说，葡萄熟了，梨熟了，快回来吃吧。我说，有什么稀罕，这里满街都是，花个十元八元就能吃个够。母亲不高兴了，我又耐下性子来哄她：不过，那些东西都是化肥和农药喂大的，哪有你种的好呢？母亲得意地笑起来。

星期六那天，气温特别高，我不敢出门，开了空调在家里待着。孩子嚷嚷雪糕没了，我只好下楼去买。在暑气蒸熏的街头，我忽然就看见了母亲的身影。看样子她刚下车，胳膊上挎着个篮子，背上背着沉甸甸的袋子，她弯着腰，左躲右闪着，怕别人碰了她的东西。在拥挤的人流里，母亲每走一步都很吃力。我大声地叫她，她急急抬起满是热汗的脸，四处寻找，看见我走过来，竟惊喜得说不出话来。一回到家，母亲就喜滋滋地往外捧那些东西。她的手青筋暴露，十指上都裹着胶布，手背上有结了痂的血口子。母亲笑着对我说：吃呀，你快吃呀，这全是我挑出来的。我这没有出过远门的母亲，只为着我的一句话，便千里迢迢地赶了来。她坐的是最便宜、没有空调的客车，车上又热又挤，但那些水灵灵的葡萄和梨子都完好无损。我想象不出，她一路上是如何过来的，我只知道，在这世上，凡有母亲的地方就有奇迹。母亲只住了三天，她说我太辛苦，起早贪黑地上班，还要照顾孩子，她干着急却帮不上忙。

厨房设施，她一样也不敢碰，生怕弄坏了。她自己悄悄去订了票，又悄悄地一个人走。才回去一星期，母亲又说想我了，不住地催我回家。我苦笑：妈，你再耐心一些吧！第二天，我接到姨妈的电话：你妈妈病了，你快回来吧。我急得眼前发黑，泪眼婆娑地奔到车站，赶上了末班车。一路上，我心里默默祈祷。

我希望这是母亲骗我的，我希望她好好的。我愿意听她的唠叨，愿意吃光她给我做的所有饭菜，愿意经常抽空来看她。

此时，我才知道，人活到八十岁也是需要母亲的。车子终于到了村口，母亲小跑着过来，满脸的笑。我抱住她，又想哭又想笑，责怪道：你说什么不好，说自己有病，亏你想得出！

受了责备的母亲，仍然无限地欢喜，她只是想看到我。

母亲乐呵呵地忙进忙出，摆了一桌子好吃的东西，等着我的夸奖。我毫不留情地批评：红豆粥煮糊了；水煎包子的皮太厚；卤肉味道太咸。母亲的笑容顿时变得尴尬，她无奈地搔着头。我心里暗暗地笑，我知道，一旦我说什么东西好吃，母亲非得逼我吃一大堆，走的时候还要带上。就这样，我被她喂得肥肥白白，怎么都瘦不下去。而且，不贬低她，我怎么有机会占领灶台呢？

我给母亲做饭，跟她聊天，母亲长时间地凝视着我，眼露无比的疼爱。

无论我说什么，她都虔诚地半张着嘴，侧着耳朵凝神地听，就连午睡，她也坐在床边，笑眯眯地看着我。我说：既然这么疼我，为什么不跟着我住呢？她说住不惯城里。没待几天，我就急着要回去，母亲苦苦央求我再住一天。她说，今早已托人到城里去买菜了，一会儿准能回来，她一定要好好给我做顿饭。县城离这儿九十多里路，母亲要把所有她认为好吃的东西都弄回来，让我吃下去，她才能心安。

从姨妈家回来的时候，母亲精心准备的菜肴，终于端上了桌，我不禁惊异——鱼鳞没有刮净、鸡块上是细密的鸡毛、香油金针菇竟然有头发丝。无论是荤的还是素的，都让人无法下筷。母亲年轻时那么爱干净，如今老了竟邋遢得这样。母亲见我挑来挑去就是不吃，她心疼地妥协了，送我去坐夜班车。天很黑，母亲挽着我的胳膊。她说，你走不惯乡下的路。她陪我上了车，不住地嘱咐东嘱咐西，车子都开了，才急着下去，衣角却被车门夹住，险些摔倒。我哽咽着，趴在车窗上大叫：妈，妈，你小心些！她没听清楚，边追着车跑边喊：孩子，我没有生你的气，我知道你忙！

这一回，母亲仿佛满足了，她竟没有再催过我回家，只是不断地对我说些开心的事：家里添了只很乖的小牛犊；明年开春，她要在院子里种好多的花。听着听着，我心得到一片温暖。到年底，我又接到姨妈的电话。她说：你妈妈病了，快回来吧。我哪里相信，我们前天才通的电话，母亲说自己很好，叫我不要挂念。姨妈只是不住地催我，半信半疑的我还是回去了，并且买了一大袋母亲爱吃的油糕。车到村头的时候，我伸长脖子张望着，母亲没来接我，我心里战战地就有了种不祥的预感。

姨妈告诉我，给我打电话的时候，母亲就已经不在了，她走得很安详。半年前，母亲就被诊断出了癌症，只是她没有告诉任何人，仍和平常一样乐呵呵地忙到闭上眼睛。并且把自己的后事都安排妥当了。姨妈还告诉我，母亲老早就患了眼疾，看东西很费劲。我紧紧地把那袋油糕抱在胸前，一颗心仿佛被人挖走。原来，母亲知道自己剩下的日子不多了，才不住地打电话叫我回家，她想再多看我几眼，再和我多说几句话。

原来，我挑剔着不肯下筷的饭菜，是她在视力模糊的情况下做的，我是多么的粗心！我走的那个晚上，她一个人是如何摸索到家，她跌倒了没有，我永远都无从知道了。母亲，在生命最后的时刻还快乐地告诉我，牵牛花爬满了旧烟囱，扁豆花开得像我小时候穿的紫衣裳。你留下所有的爱，所有的温暖，然后安静地离开。

我知道，你是这世上唯一不会生我气的人，唯一肯永远等着我的人，也就是仗着这份宠爱，我才敢让你等了那么久。可是，母亲啊，我真的有那么忙吗？

娘，我欠你一件红嫁衣

你苍白的指尖理着我的双鬓，

我禁不住象儿时一样，

紧紧拉住你的衣襟。

呵，母亲，

为了留住你渐渐隐去的身影，

虽然晨曦已把梦剪成烟缕，

我还是久久不敢睁开眼睛。

我依旧珍藏着那鲜红的围巾，

生怕浣洗会使它，

失去你特有的温馨。

呵，母亲，

岁月的流水不也同样无情？

生怕记忆也一样褪色呵。

我怎敢轻易打开它的画屏？

——舒婷《啊，母亲》

娘不是亲娘。我六岁那年，她才来到我们家，是为了给她哥哥说媳妇，被换亲换过来的，我的姑姑嫁了去，给她的哥哥做了妻子。那个时候，人都很穷，似乎没有别的办法。

娘来我家的那一年，正是夏天，她穿了一身红衣裳，站在晨光里，黑油油的两条长辫子，很是漂亮。我远远地看她，高兴得不得了。我不知道她一个未婚姑娘怎么会同意来我们家，我只知道她来了，家里就充满了家的味道。虽然依然贫穷，但屋子不再零乱不堪，我们父女两个也穿得干干净净，每天都能吃上香喷喷的饭菜。娘来家的那一年，是夏天，我只有一件衣服。常常是晚上洗了，早上接着穿。娘来了之后的第三天，按老家的风俗回完门，我就有了一件上衣，一条裙子，一条裤子，都是红色的。是娘自己裁的，我穿上正好合身，我站在夕阳的光晕里，爹抽着烟袋坐在门槛上直说好看，我第一次觉得像是圆了一个童话般的梦，幸福极了，只是在那之后就再也不见了娘的嫁衣。

我以为新的生活终于要开始了。可是，命运黄金般的手指，又把我和继母抛入了痛苦的深渊，父亲在一次交通事故中去世了，那时，他们新婚还不到一个月。她失去了新婚的丈夫，我失去了父亲。近一个月的夫妻关系，父亲给她留下的是两间破草房和六岁的我。一个月前，我和她还素不相识，一个月后，我们就不得不在同一个家里承受着同样的痛苦。

办完了父亲的丧事，已是秋天，没有多久，就开始有人陆续的上门来给她提亲。她才二十四岁，人长得漂亮，又没有亲生儿女的拖累。每次有提亲的人来，我都躲在隔壁的小屋里哭泣，我安慰自己说娘不会走，但是我的心却敏感着，看见有人到家里来就害怕，每天晚上，我早早地插上门，心里想：真好，娘又在家多待了一天。其实，认识这样短的时间，我谈不上爱她，但是我依赖她，除了远嫁的姑姑，我再也没有亲人了，她若走了，我可怎么生活呢？

日复一日的忐忑中，娘却再也没有提再嫁的事情。开学了，同玩的小伙伴陆陆续续的上学了，农忙时间也到了，她一个人白天黑夜地操劳着。虽然我拼了力地帮她干活，但我毕竟是小，又是女孩子，许多粗重的农活只有指望她自己。她好像迅速的老了，剪了油黑的辫子，脾气也变得日益暴躁起来，很多时候，为了一件小事，她便不停地唠叨，有时候甚至带着哭腔骂起来。我不敢还口，不敢争辩，唯有跟在她身后更加勤快地干活，我怕她一走了之。可是，我还是惹她生气了。村里来了一个卖货郎，他手里的连环画书诱惑着我跟他走了两个村子，直到迷了路，她一脸狼狈地找到我的时候，一点儿没有客气，抡圆了胳膊给了我一个嘴巴，我哭着，深一脚浅一脚地跟着她回家。夜里，她弄明白了事情原委，一夜未眠，天亮了，她给了我个崭新的小书包，领着我的手去了村口的学校，我和同龄的孩子一样上学了。

很多个夜里，她常常跟我说起她的命苦，说当年她母亲听信算命先生的话，二十五岁之前不给她哥谈婚论嫁。可是在农村那样的环境里过了二十五岁便不再好找媳妇，一年年蹉跎下去，开始她妈还挑一挑，她爸去世后连挑的余地都没有了，于是用她给她哥换了亲。她总是边说边哭，我缩在她的怀里，不敢说话，我知道是我拖累了她。因为我听见她问每一个来说媒的人，"能不能把梅子带过去？"人家无一例外地说她傻，没有人同意她带一个不是亲生的拖油瓶嫁过去，于是她的亲事总也成不了。她常常说，我也不是多爱你，可是放下你，总归觉得不忍心。她说的时候，我就把脸埋在被子里，心揪的很痛，但是我没法怪她，我只能感激，毕竟她没有不要我。

有天夜里，我们床前的玻璃不断地被人从外面敲，她搂着我一动不敢动，后来天渐渐亮了，我才敢睡着。清晨，我问她怎么了，她忽然指着我大骂道："都是你，都是你，我哪辈子欠了你，现在要这样受你拖累。"我不敢说话，只能攥着她的手叫娘。她骂着骂着哭起来，边哭边说自己命苦，数完一桩又一桩。我站在那里听她数落。隔了半个钟头的样子，她问我："梅子，晚上想吃什么？"语气又像先前一样好好的。夜里，她拿了棍子，把灯绳放在枕头下面和衣而眠，再有玻璃被敲响的时候，她一下子把灯拉开，拿着棍子追出去，我看到有个黑影跃过我们家不高的院墙仓皇地跑出去，她开始是站在院子里，扯了嗓子开始骂人，强悍得好像一只好斗的公鸡，后来，领着我围着村子骂，骂了半宿，回家后，趴在床上，她自己又呜呜地哭起来。

小学毕了业，我考上了县重点中学。通知书下来时，我主动对她说我不念了。她看我一眼，到开学的时候，她却拿出一沓钱来，送我去了县城。到了城里，她又找了家店铺，给我买了一身红衣服。送我到学校，临走的时候，她忽然抱了抱我，被生活磨得这么粗糙的她给了我这么一个温情的动作，我忽然间泪流满面，为我们娘俩相携着走过来的这六年。

我每个星期回家一次，因为劳累，她憔悴得厉害。她仍然经常骂我，村里的人都说她变得不好惹，再也不是当初那个温温柔柔的小媳妇。

初三的一个寒假里，我家来了个人，一个男人，干净温厚，娘的眼神是我没见过的清亮，娘说："梅子，叫韩叔。"我乖乖地叫了，男人一连串的欣喜地答应着。我预感到娘要走，于是趁娘去屋里的空，我沿着窄窄的胡同走了好几家，借了 20 块钱，一路飞奔着到了十里地以外的县城给娘买了身红衣服，是那种很艳丽的红，这是我一直以来欠娘的。回来的时候，天要黑了，我怕娘走了，边哭边叫，虽然我知道她听不到，还是一遍遍地叫娘，我怕自己以后再也没机会叫了。她迎到我的时候，抬起手来，又想打我。我哭着说："娘，给您这身红衣裳，你的嫁衣给我做了衣裳，这是我欠你的，你走吧，我不拖累你了。我出去打工，我能养活自己。"她怔怔地看了我一会儿，紧紧地搂住我，我们娘俩跪倒在乡间的路上，一边哭一边喊着对方。后面追来的韩叔也掉了泪，那一刻，我知道我离不开她，是那种除了依赖之外很深的爱。

娘改嫁了，跟了韩叔。我知道，娘为了我，已经错过了最美的年华。她结婚的那天，穿着我给她买的红衣服，站在初晨的阳光里，我在旁边看着，想起她才来我们家的时候，也是穿了一身红衣裳，站在晨光里，黑油油的两条长辫子，可是，现在，她油黑的辫子没有了，还不到 40 岁，已然有了白发，她的脸再也没有了最初的光洁，我哭着说："娘，我拖累了你。"她笑着说："瞎说啥啊，我老了还指望你呢。"上车的时候，娘拽着我的手一起上，邻家的大婶说，这可不行，婚车上乱坐，会坏了规矩的。娘执意的不上车，跟个孩子似的哭，最后，我还是跟她一起上的车，娘说："梅子，娘不会丢了你。"声音铁铁的。

结完婚，娘高高兴兴地送我去上学，路上，我说："娘，我不想再念了，我不能拖累你没个完。"娘看着我，一字一句地说："你要是真这样想，你就给我考上个好大学，让我觉得值。"我和娘不再说话，她一路上领着我的手，温暖，坚定。为了娘的这句话，我一直拼了命地学习。

　　韩叔和娘供我上完了初中和高中。娘的脾气慢慢好起来。我们原来的家和她新嫁的村子有个岔路口，每个周末她都在那儿等我。娘说，她在哪儿，哪儿就是我家。她尽着力给我做好吃的。韩叔跟着一个建筑队走街串巷的干活，家境还可以，娘也不知道从哪儿学的织布，跟人要了台破破的织布机，加工粗布，挣的钱都塞给我。她心灵手巧，我的衣服都是她给我做的，每每穿在学校里，一点也不过时。我给她买的那套红衣服，她过年的时候穿了一次，后来说老了，再也不穿了，压在箱子底下。

　　有次回家，我听到韩叔问她是否趁着年轻生个自己的孩子。她说："来了就要，不能生的话，我有梅子就够了，我女儿成绩好，将来一定能考上大学，有出息。"我在窗台下泪流了满面，因为那句"我女儿"，她说"我女儿"，没有一丝一毫的犹豫，她把我当成了她自己的女儿！

　　我一直记得她结婚后送我回学校的路上，给我说的那句话，那时，我就发誓一定要让她以后过上好日子。高中毕业我如愿地考上了一所重点大学，接到录取通知书的那天，她高兴地哭了又哭，拿着通知书四处炫耀。我站在院子里，也是哭了又哭，为了她的那份发自内心的喜悦和我们多年的不容易。

　　接下来就开始筹集学费，在农村，哪个家庭拿出这些钱来都不容易，所幸，上苍可怜了我和娘，韩叔是个至情至意的好人，他拿出 7000 块钱供我上了大学。娘有次来学校看我，晚了住下来，我们挤在宿舍窄窄的床上，夜很静，她忽然问我恨不恨她以前总是骂我。我对她说我从没恨过她，她骂我的时候，我觉得有妈妈，被妈妈骂多幸福啊。她又哭了，说最初也想走，可是一想到我就怎么也狠不下心来。可是，生活的种种艰难，又让她老想着是我拖累了她，让她守着一个不是自己亲生的孩子过日子，心里就委屈，所以脾气不好，心情不好，就老是骂我。后来，有了感情，却被生活磨砺得再也细致不起来了。我想起了那个她领着我在村里骂了半宿的夜晚。我握着她的手，像小时候那样，只是她的手掌再也没有当初的光滑细嫩，手心里有些老茧，我磨蹭着它们，泪潸然而下。岁月无情，眼前的娘已老了，她也一直没有自己的孩子。我常常地想，对于娘来说，这一生有着那么多的缺憾，贫穷，多劫，没有自己渴望的爱情，没有自己的孩子，无法做一个完整的女人……那样多的不圆满，我搂着娘不再年轻的身子，为她委屈，觉得她倾其一生没有为自己活过。可是，娘说："有了你，娘不觉得亏，娘值。"四年的大学生活，我们艰苦又快乐地度过。她和韩叔做些活计，省吃俭用负担着我的学费及生活费。我努力学习，课余时间做家教、到商场做促销，到饭店刷盘子……我们贫穷却快乐着，有了这种爱，有没有血缘关系已不重要。

后来，我找了份不错的工作，留在这个城市，生活很快地好起来，我买了自己的房子，有了优秀的男友。我把娘和韩叔接来我家，第一次按照家乡的仪式给二老郑重地叩了个头，我说："爹，娘，从现在开始，让我疼你们，好不好？"

这一生，注定有个对不起的人

在那一刹那里，我才发现，

原来，原来世间的所有的母亲都是这样轻易受骗和轻易满足的啊！

在那一刹那里，我不禁流下泪来。

——席慕容《生日卡片》

1

15 岁之前，他有过一段锦衣玉食的日子。他的父母曾是小城里有头有脸的人物，伴随着他成长的当然尽是些夸奖恭维的话。直到有一天夜里，检察院的人敲开了他家的门。回头看见父母惨白的脸，他隐约感觉到生活从此会变个方向行驶了。

接下来的日子里，人们都像避瘟神一样躲着他。直到有一天，他放学，家门口坐着个人高马大的乡下女人。那是他的姊妹，在爷爷的葬礼上他看到过她。

她利索地拍去身上的土，粗声大气地说："小海，我是来接你的。"他一下子蹲在地上哭了起来，这些日子以来，从没有人给他个好脸色。女人扳了他的肩膀，说："大小伙子，哭啥嘛，天又没塌，有手有脚的。"

他跟着她来到了那个依山傍水叫北兴屯的地方，走到一间仿佛一脚就可以踹倒的低矮的草房前，她回头对他说，到家了。然后高一声低一声地喊二丫。他愣了，这样的房子也能住人吗？草房里走出来两个人，一个是喝得有点晕头转向的叔叔，一个是又黑又瘦的女孩，松松垮垮地穿着件大布衫。很显然，那是婶婶的衣服。

婶婶一到家就拎了猪食桶喂猪，骂声也跟着响起来："我要是不在家，这猪就得饿死。我嫁到你们老吴家，真是倒了八辈子了霉。啥福没享着，还得干这种替人擦屁股养孩子的事……"

2

想母亲的时候，他就拿她跟母亲对照。她抽旱烟，一嘴大黄牙，似乎是胃不好，吃过饭就不停地打嗝，几毛钱一袋的盖胃平她一把一把地吃。一家4口人挤在一个大火炕上，他很不习惯，尤其是她一沾炕，呼噜就打得山摇地动的。而母亲总是温柔浅笑，说话从来都没有大声过，就是训斥那些来家里的人，也都是微笑着，轻言细语，却能让来人冒出一头的汗。

很快，他到邻村的中学里上学了。小城里的教学质量好，他的成绩在村中学里自然是最好的。

接下来的暑假，她扔给他一把镰刀，说："别在家吃闲饭，玉米地里的草都吃苗了。"他第一次进入一人高的玉米地，玉米一根根枝叶相连，整片玉米地就像个密不透风的蒸笼，人进去闷得喘不过气来。她割完了3条垄，他连半条垄都没割出来，她返回来，嘴里骂："真是你们老吴家人，干啥啥不行，吃啥啥不剩！"他听了，一声不吭，疯了一样抢起手里的镰刀割草。

暑假结束时，他已经像屯子里的孩子一样晒得黝黑了，细细的胳膊也变得粗壮了。他照着她家碎了半边的破镜子想：或者这辈子，就得在北兴屯里当个庄稼汉了吧。

接下来，平时吝啬得一分钱都要掰成两半花的她扯出一张50元的钱给他，说："你去街里上点冰棍回来卖卖，不然下学期你花啥。"

他犹豫着，二丫接过钱，说："哥，我跟你去。"

50元钱上了足足一袋子冰棍。他第一次背那么沉重而且冰冷的东西，背到村里的时候，又累又冻。接着，他就挨家挨户去卖。那次，除了还她的50元，他还挣了30多块钱。这是他这辈子第一次挣到钱，只是，那钱在他兜里还没焐热，就被她要了去。看到她醮着唾沫数钱的样子，他在心里鄙视，从没见过这么低俗贪财的女人。

在他眼里，她最大的爱好就是数钱，她说："攒够了钱，我也盖它三间大瓦房，让屯子里的人都看着眼红。"叔叔在旁边嘿嘿地笑。她一脚踹过去，"要是你少喝几瓶马尿，我的房子早起来了。"

3

他父母的判决下来了，父亲是无期，母亲是15年。这就意味着，在成年之前，他只能待在她这里。听到这样的判决结果，她又骂"倒了八辈子霉"的话。他更加沉默，低眉顺眼。

纵是日子难熬，他还是考上了县里最好的高中。回到家，他一直迟迟不肯说。那样拿钱当命的女人，怎么肯再花钱送他上学？那天，她风风火火地从外面回来，一把揪住正在剁猪食菜的他的耳朵，说小兔崽子，老黄家二小子考高中的成绩都发下来好几天了，你不会是啥也没考上吧？他手里的刀一偏，剁到了手上，血淌下来，眼泪也淌了下来。她转身，从灶膛里扒出一点灰，帮他按上，仍问："天又没塌下来，有手有脚的，你哭个啥？到底考没考上？"

他把书包里的通知书扔给她看，她的脸上立刻绽开了一朵花，出门站在院外穷显摆：我家小海考上县一中了，比老黄家小子高出一百多分，啧啧！

高中开学前那天晚上，她给了他一卷子毛票，说省着点花，我可不像你爸妈，赚钱容易。他抬头，看着她硕大的一张脸，说："你让我上高中？"

她说："是啊，我上辈子欠你们老吴家的，这辈子还账呢，你们这帮要账鬼都快把我吃了。"

他的日子有了盼头，只要考上大学，申请了助学贷款，他就可以永远离开北兴屯了。这儿的风景美都是城里人说的，让他们来住一天两天行，让他们住一年半载试试？

4

他上了大学，每个假期都借口留在学校打工，不回去。

她开始向他要钱，以各种各样的借口。他做了一个项目，挣了一笔钱。在存钱的时候，他心思一动，拿出 10000 块，写了她的名字寄回去。从此，他们之间两清了，终于可以不再跟她有瓜葛了。可是他并没感觉到轻松。

这世界上，从此再无亲人，不知为什么，他忽然有种无依无靠的感觉。转身看见一个农家菜馆，他进去，要了一盘酸菜炖土豆丝。菜端上来，全然不是她做的味儿。他想起接到录取通知书后，她出去了几天，风尘仆仆地回来，从三角兜里掏出一沓钱，说："你爸你妈总算没白混，他那些狐朋狗友凑了钱，让你上大学。"

他别过头，泪流了满脸。

有一次，他在城里遇到父亲昔日最好的朋友，他说："谢谢你们凑的那些钱。现在我大学毕业了。"那人脸上一片茫然："你上大学了？啥时候？"

他一瞬间明白了一切，那种酒肉朋友怎么会在没利的地方投资呢？

收到他的钱，她打来电话，张口就说："兔崽子，你跟你那没良心的爹妈一样，就知道用钱砸。当初你爷临死想看他们一眼，他们都不来……"说着，她居然哭了起来。

他去了监狱，看到母亲，母亲早已没有了从前的颐指气使，而是叮嘱他："小海，对她好点儿，她不容易啊！咱家好时，她来找过我，说想盖房，借点儿钱，我没借……咱家出事了，没想到她会把你接回去。就算是茅草棚，能让你住下来，能给你弄口饭吃，我也感激不尽了。"

他的泪也在眼圈里转，这些年，她自己舍不得吃舍不得穿，却从来没有缺过他的吃穿。他回到北兴屯，见到那一脚就可以踹倒的茅草房，心里居然暖暖的。

她没在，院子里扔着没剁完的猪食菜。邻居说，你回来啦，你快去吧，你婶快不行了。

他的脚一下子就软了，那么有底气骂人的她，怎么会不行了呢？

他在医院的走廊里就听见她在骂大夫："我姚美芬一辈子什么没见过，想糊弄我的钱，没门儿！我的钱那可都是有用的，我要盖三间大瓦房呢，背山的，清一色的红砖……"

他站在她面前，说："婶，咱的房明天就盖，我找人盖。"

她盯了他几秒钟，仍是骂："你这小兔崽子，我供你吃供你喝供你上大学，你一走连个信儿都没有，你还有没有良心啊？"骂着骂着，她的眼泪和鼻涕一起流了下来。

出来，阳光仍是明晃晃的，二丫跟在他身后。他问："她啥病？"

"胃癌。哥，你不知道她有多想你，你也不知道她有多疼你。她向你要的那些钱，她一分都没花，就是看病这么紧，她都不让动。我娘说，这是攒着给你成家的钱，她怕你没钱，也像大伯一样走歪路……"

他抬起头，以为这样泪就不会掉下来，可是，那些泪，经过了这么多年的蓄积，终于肆无忌惮地落了下来。这一生，他注定有一个对不起的人！

紫木兰

你有块面包，
分我一半，
这是友情。
你只吃一口，
剩下的全给我，
这是爱情。
你一口没吃，
直接全给了我，
是父母。

那无处安放的青春伤害了谁

关于相遇有一种解释叫缘分，

关于生命有一个信念称轮回，

而我有一种情结是父亲，

如真有轮回，我希望每一次生命中都遇见你！

那年我以优异的成绩考入了市里的一所重点中学，报完名后，老师将我安排在 206 号寝室。

寝室里一共有 6 名同学，分别来自各县市，大家互不认识，都显得有些拘谨，沉默着整理自己的床铺和物品。也不知过了多久，其中一位同学率先打破了沉默，于是大家的距离感立即消失了，接着就坐在各自的床上七嘴八舌地聊了起来。在他们介绍自己的基本情况时，我发现除我之外，他们 5 个都来自城市，父母要么是政府的公务员，要么是教师或医生。唯独我来自农村，是农民的儿子。16 岁是一个多梦而又有着强烈自尊心和虚荣心的年龄，我生怕同学知道我是农民的儿子而小瞧于我。于是，当同学问起我的父母是做什么的时候，我鬼使神差地说，我爸爸是建筑工地上的老板。同学听后，都投来羡慕的目光，并说：那你家一定很有钱了。因为这句话我付出了惨痛的代价。为了让同学相信自己的父亲是建筑老板，第二天我悄悄出去买了许多东西，首先是将自己的衣服和鞋子全换成了名牌，接着又给每个同学买了一份精美的礼物。回到寝室时，当大家看到我周身的名牌和送给他们的礼物，都惊喜不已，纷纷向我道谢，那一刻我的虚荣心得到了很大的满足。在接下来的日子里，为了表现自己有钱，我处处豪爽大方，只要大家一起出去吃饭，我总是争抢着付钱，后来所有的人都相信我的父亲是老板了。

尽管我掩饰住了自己来自农村的身份，但我的日子过得并不轻松。本来父亲给我的生活费就不是很多，以我这样的开销，没过多久，半年的生活费就被挥霍一空。为了向父亲要钱，我不得不打电话撒谎说钱掉了。我本以为父亲会狠狠地责骂我一通，谁知父亲非但没有责备我，反而安慰我不要难过，不要着急，说抽空马上就去邮局给我汇款。三天后，我果然收到了父亲电汇过来的五百块钱。

父亲寄来的钱也只是杯水车薪，根本解决不了问题，半个月后我又闹起了经济危机。为了源源不断地向父亲要钱，我编出了各种各样的理由，虽然有些理由连我自己都不相信，父亲却信了，只要我开口，他总会想办法给我把钱凑齐。

我的谎言最终还是随着父亲的到来被拆穿了。那天，父亲从上海回老家办事顺便来学校看看我。这也是我上高中后父亲第一次来看我，然而，这次见面却让我很不愉快。当父亲穿着一双破旧的皮鞋和很多地方都脱了漆的假皮衣出现在我和同学的面前时，我恨不得找个地洞钻进去。

父亲的突然到来令我十分生气，我恶狠狠地朝他吼道："谁让你来的，我不是跟你说过，没有我的同意，不要随便到学校来吗?"

父亲听后像做错事的孩子似的，结结巴巴地说："有两年都没看见你了，想瞧瞧你长成什么样子了。"

"现在看也看了，你可以走了！"我冷冰冰地向父亲下逐客令。

父亲愣了愣，表情很复杂，我猜想他的内心一定很难受，但他还是尴尬地笑笑说："好，我这就走，不耽搁你学习了。"说着，父亲起身朝门外走去。

父亲刚走出门口，突然像想起什么似的，他从内衣口袋里掏出带着体温的二百块钱给我说："走得急，身上没带什么钱，你凑合着用，等我有了钱再给你寄来。"

望着父亲渐渐远去的背影，我发现父亲又老了许多。一股愧疚涌上我的心头。

我失魂落魄地回到寝室，等待着同学的讥讽和奚落。谁知打开门，寝室里却静悄悄的，原来，同学都出去了。来到我的床边，只见床上放着一大叠钱，钱下面还压着一封信，我展开信笺，熟悉的字迹映入我的眼帘："其实我们从一开始就知道你来自农村，知道你的父母都是农民，但为了不伤害你的自尊心，我们一直不敢将这个事实揭穿，所以我们不得不装作占你的便宜，让你相信我们不知道你心里的秘密。这些钱都是你平常送给我们的礼物或请我们吃饭所花的，我们一直默默地记在心里，希望有一天能找个机会全部还给你，请你一定要收下。同时，我们要告诉你，我们从来都没有看不起你，不管是以前，还是现在，我们都当你是好兄弟。"

那一刻，我再也忍受不住，让泪水肆意滂沱，为我的父亲，为我自己，也为那懵懵懂懂的青春。

只是你不知道，其实我也很爱你

父亲说，

孩子，别哭！

奶奶走得很安详。

泪，在我眼中凝固，

成冬天风中一道景。

跪下去，

手里捧着燃起的香，

烟雾里飘着您的笑，

烟灰里和着我的泪。

她入土的那个中午，我还在回南宁的飞机上。手机是关了的，弟弟只好给我发短信：姐，她十二点三十五分入土为安，爸爸吩咐你默哀十分钟。

下了飞机已经是下午一点，我看着手机上的短信，在人来人往的机场泪流满面。

我的左手很完美，皮肤细滑，五指纤纤。但我的右手缺了一根尾指，并且在断口的地方丑陋不堪，这是我二十年来最心痛记忆的见证，与她有关。

我恨她，我很恨她

二十年前，我才七岁，每天最常做的事情就是带着两岁的弟弟在村巷中来来去去地走。父母刚刚到县城里的医院工作，三班倒上班，又没有房子，所以我们姐弟俩在老家由奶奶带。

那时的奶奶守寡已经二十年了。还不到五十岁的人看起来像六十多。她几乎不对我笑，偶尔会对弟弟笑一下。她喜欢男孩，我们都知道。和很多重男轻女的农村妇人一样，她有什么好吃的是从来不会先考虑我的。

即便是一条父母托人送回来的花裤子。那么长的裤子，暖和的灯芯绒面料，我好久以来就渴望拥有的一条裤子，这样我背着弟弟出去转悠的时候就不会冷得两腿发黑了。但她并不给我穿，即便知道我那两条裤子已经变短已经磨出了两个洞，她也只是冷冷地扫了我一眼：你还有别的裤子呢，这么暖和的裤子留给仔仔以后穿！然后把裤子很郑重其事地锁入她屋内那个红黑色的柜子里。那个柜子里已经放了很多新裤子新衣服，在学校里，我说我有很多新衣服都没有人相信，因为我总是穿着打了补丁的旧衣服。

我现在有很多的新衣服，有的买回来也穿不上，可是我还是买，买的时候我总在想，我再也不要穿旧衣服。这种心态真是奇怪至极。但我却能从装满我三个衣柜的大量衣服里得到一种莫名其妙的安慰。它们让我再想不起那些不被相信的屈辱，以及站在门口看着她把我的新衣服锁入柜子里时的忿忿不平。

我开始恨她，这个都不把我当成她亲人的老女人。我才七岁，就要帮她喂猪、挑水、煮饭，还有，带着很不听话总是哭闹的弟弟。我都不明白她为什么要把自己弄得那么忙，种好大的田地，整天都在田里忙，回来后总是骂我还没有煮饭。我觉得很累，有时候我会玩得忘记回家煮饭，她就很生气，她不打我，只用手在我的腰上、胳膊上拧，痛得我眼泪直打转，偏偏我又倔得厉害，从不认错。

晚上洗澡的时候，她在天井帮弟弟洗，逗弟弟玩，有时候会笑。我数着胳膊上的青紫，发誓我恨她，永远恨她。

我永远不能忘记那触目惊心的震撼

那一年冬天，我们那个小村落居然下了薄薄的一层雪，我从来没有见过雪这个东西，只觉得白晶晶实在很漂亮。她好像去了地里，那么冷还下田，村里的人赞她勤劳，而我觉得她只不过是为了人家的赞美才下田的。我带着弟弟去看雪，弟弟穿了好多衣服，像一个球一样，看起来真的很好笑，而我只顾着笑，没有看到眼前有一道铺了薄冰的水沟。我和弟弟跌到了水沟里，衣服全湿了，冷得说不上一句完整的话。幸好那水沟不深，我把弟弟拉上来，背起他飞快地往家里跑。我必须赶在她没有回来之前换上干净的衣服，不然她会拧死我的。

天气真的很冷，我好不容易才帮弟弟和自己都换上了暖和的干净衣服。那天不知道为什么她没有锁那个红黑色柜子，我给自己和弟弟里里外外全都换上了新衣服，当然我换上了那条灯芯绒裤子。真的很暖和，而且刚刚合身。

穿好衣服，我忽然发现弟弟有些不对劲，摸了一下他的脸，很红很热。弟弟发烧了！我急得不行，想去买药，但又没有钱。忽然想起上次弟弟发烧的时候，她曾经从红黑柜子里拿钱送弟弟去卫生所。房间里的光线很暗，我几乎探了半个身子在柜子里使劲地寻找。

死丫头！我听二婶说你把弟弟掉到水沟里了！你在干什么？这时她的声音不亚于电视里老妖怪的出现。我一只手还攀在柜子里，另一只手则吓得把刚刚拿到手的东西掉在了地上。

你这个不争气的死丫头，竟然做起小偷来了！你敢偷我的钱？她冲了过来，狠狠地关上了红黑柜子的门，然后，我来不及抽走的手就感到一阵钻心的疼痛。倔强的我不愿意在她的面前表露脆弱，我只是闷闷地哼了一声。而她，很快察觉了弟弟的不对劲儿，一把抱起了弟弟就往外面冲。我暗暗松了口气，弟弟会没事了。我要趁她不在，看看我的手被那柜门夹成了什么样。

我的右手的整个小尾指由于她用力关柜门的缘故，被绞在了柜门的缝隙之间，痛得我几乎失去知觉。可是无论我怎么用力，不知道是因为整个手指被压碎还是因为柜门已经坏了，我怎么也抽不出我的右手。只知道那只手越来越痛。然后，我就真的痛到没有知觉了。

我醒来的时候，只有我一个人躺在床上。缠了灰色纱布的右手还在痛。幸好，那个老女人还知道救我。看在她为弟弟心急的份上，我也不怪她让我痛了。

接下来的三天，我都很安静。第一次为伤手换药那天，父母终于从县城来到我们姐弟俩的面前。妈妈小心翼翼地拆开我手上的纱布，我痛得厉害，不敢去看，当我的手感觉到冷冷的空气，紧接着我听到妈妈哇的一声大哭抱住我后，我转过头来看我的右手。

我永远不能忘记那一种触目惊心的震撼。

我都残废了，要草药什么用

我很坚决地要求离开那个我煎熬了足足七年的家。并且坚持弟弟也要一起走。我再受不了那个老女人对我的虐待。走的时候，妈妈抱着弟弟，爸爸抱着我。我用一种很冰冷、很怨恨的眼神最后看她，她站在家门口的老槐树下，瘦而高，站得笔直。我决心，从此以后，我要把这个老女人从我的记忆里完全地清除出去。再也不要记起。

再一次见她，已经是十年之后，而过去的十年里，弟弟倒是经常和父母一起回去探望她。而我，从来不去。残疾的右手成为我心里最尖利的一根刺，在我十七岁那么自尊自卑的岁月里，刺得我和周围的人都伤痕累累。

我是被逼再见她的。我并不知道那个站在我家楼下的老太婆就是她。十年，我长大了，她却被岁月无情催老。我不认得这个老太婆。我经过她，准备上楼。

丫头。我听到了苍老的声音。接着我握紧右手的四个手指，心里那根刺开始扎我，扎得很痛。这个老太婆，她还有什么面目出现在我的面前？我想她甚至不记得我叫什么名字。我只是一个死丫头。

你来这里做什么？你滚！我大吼。

因为这一句话，从来极疼我的父亲给了我一巴掌。指着桌面上那堆草药吼：那是你奶奶，她六十五了！背着这堆给你的草药走了整整一天才到这里的！

我满眼是泪：我都残废了，要草药什么用？

那一天，她始终不愿意走上楼来，又连夜一个人走回去。父亲是推了车要去送她的，但她坚持没坐。父亲只好一直陪她走回去。而我，竟然一直又过了十年，也没再去见她。我在中国的各个城市里游走，不是没有时间，也不是没有金钱。我只是不去看她。一次也不去。

你只是从来不知我也爱你

我只是不知道，我十年前见她的那一面，竟然是她活在人世的最后一面。

我跪在那堆黄土前，不知道为什么哭到停不下来。爸爸仿佛一夜老去，走到我的面前拉起我，也扬起了手。如果可以，我宁愿他真的打下来。但爸爸最终没有，只是哭着骂我：你怎么这么不孝呀！他指着那个红黑色的老柜子说：你奶奶说，里面的东西全是给你的，谁也不给。

我摸摸我残疾的右手，发觉自己早不那么在意它的不全，它并没有影响我活得独立自尊，也没有影响我获得爱情。我用我的右手打开了柜子。然后，泪水再次和着周围人群的哗然而落下。那一柜子里都是什么呀，满满的全是钱，一毛、两毛的，一块、五块的，都分类地叠得整整齐齐。

小妍啊，老太太也算是对得起你，这么多年来一直念叨的就是怕你伤了手嫁不出去呀，平时肉都舍不得吃一顿，没想到为你存下这么多钱……爸爸悲声痛哭，扭了头不忍再看那些破旧整齐的零钞。弟在我身后抓紧我的右手：姐，你原谅她吧。

已经无法形容心里的悔恨和悲伤。我原谅她，我怎么不原谅她呢？这些年，我从各个城市给她汇款，只是我从来不加只字片语，我只在心里想，给她钱，她自然会好好照顾自己。待我想通了，自然回去看她。

不知道如何面对，亦不知道如何找理由，我这么像足了她的倔强。我明明知道她想见我，她只想见我一面，我能做却都不帮她做到。

爸爸告诉我，那堆钱一共有 55632.4 元。柜子里还有一些我小时候穿过的衣服，洗得很干净，都叠得整齐。

我看着爸爸，说：爸，其实，**我也爱她**，我只是从来没有承认过。我看着那个红黑色的木柜子，心里一直在问：奶奶，你听到我在叫你了吗？就像我觉得你不爱我一样，你只是从来不知我也很爱你。

有一种爱，亘古绵长，无私无求

你对我的爱，宽阔辽远一如无际的大海，纯粹透明没有丝毫杂质，而我，只能用杯水，去回报大海……

1

儿子回乡下的老家看父母，但是只能在家待一天一夜，第二天早上5点半就得动身离开。

临行的前一天晚上，儿子跟母亲坐在老房里一直聊到深夜。

临睡前，儿子有些遗憾地说："妈，这次太匆忙，等下次有空，我一定在家多待几天陪陪您，还要吃小时候您亲手包的韭菜饺子，那个味道太好了，我一直都想着呢。"

之后，儿子便到里屋睡觉了，可母亲却没了睡意，她走到另一间屋，叫醒已经睡下的父亲，说："老头子，你赶紧起来，去问问谁家菜园里有韭菜，跟他打个招呼，割点儿回来，娃想吃韭菜饺子了，我得给他做。"

躺在床上的父亲一听，立即明白，连说："好，好。"然后迅速穿上衣服，下了床。母亲又说："老头子，你动静小些，别吵醒了娃，他明早还要走呢。"此时，正是初冬的深夜，外面很寒冷。父亲开始在村子里挨家挨户敲门，借割他们菜园里的韭菜，冬日，菜园里韭菜很少，好在敲了数十家门后终于找到了。村里各家各户的菜园都离村子很远，加上夜路不好走，等父亲割完韭菜回家已是夜里 11 点多了。接下来，两位老人开始择韭菜，把两斤多韭菜择完、洗净后，差不多已经是凌晨了。接下来是擀饺子皮，然后包馅。这一切如果是在明亮的灯光下完成，不需要太长时间，但事实上他们都是在手电筒的光亮下完成的——两位老人怕开灯惊扰了儿子的好梦。

这一切都做完已是凌晨 3 点多，两位老人想了想，还有一会儿得煮饺子了，干脆别睡了，给儿子烧点儿热乎的水，这样，他一起来就有热水洗脸。5 点 30 分，儿子的手机闹铃准时响了，儿子从睡梦中醒来，一睁开眼睛，便隐约闻到一股似曾相识的香味，这香味越来越浓，最后在厨房里达到了鼎盛，一大锅韭菜饺子在翻滚呢。看到儿子，母亲连连说："娃快趁热吃了吧，你最喜欢的韭菜饺子，吃过再刷牙。""吃呀，先吃，先吃。"站在一旁的父亲帮母亲的腔，并立即将饺子盛进碗里，双手递到儿子的面前。儿子怎么也没有想到，自己随口说出的一句话，父亲和母亲就当真了，两位六十多岁的老人，竟然为了饺子一夜未眠。那是一碗滚烫的韭菜馅饺子，很香，很香，吃得儿子很想哭。

2

他扶着盲父来到牛肉面馆。他大声说：两碗牛肉面！

店员正准备开票，他又忽然摇摇手指了指远处的父亲小声说：只要一碗牛肉面，另一碗是葱油面。

店员会意，将两碗面端到他们面前。父亲摸着用筷子在碗里探着，好不容易夹住一块肉忙把那片肉夹到他碗里。

他并不阻止父亲的行为，只是默不作声地接受了父亲夹来的牛肉，再悄无声息地把牛肉夹回父亲碗中，

周而复始，父亲碗中的牛肉片似乎永远也夹不完。父亲感叹：这个饭店真厚道，里面有这么多牛肉片。

店员感动：那只是几片屈指可数、又薄如蝉翼的肉啊。他这里赶紧趁机接话：爸，您快吃吧，我的碗里都装不下了。

最终店主将一盘干切的牛肉端到他们桌上，对着疑惑的他说，本店周年庆，这是赠送的，夹起几片肉放进父亲碗中，

他们走后，店员收碗时，突然叫起来。原来，他的碗下面竟然压着几张纸币。那数目，正好是价目表上一盘干切牛肉的价钱。

3

我：妈，没钱了，打点钱吧。

妈：多少？

我：200 块。

爸：给 300 块吧，钱多打点，当心身体。

我：那我上课去了，早点给我打钱。

第二天，卡上多了 500 块。

大一：

我：妈，我想家了。

妈：啥时候回来？

爸：缺钱了吧，爸给你打。

我：没，不习惯，就是想家了。

爸妈：嗯，放假早点回来，早点买票，当心身体。

爸后来告诉我，打完电话，妈哭了，非怪我爸，当年任由我自己选了这个不熟悉的城市。

大二及大三：

妈：你很久没打电话了，忙什么呢？

我：事情多啊，没时间哎。

爸：你妈想你了，她一个人在家，没事多打打电话。

我：知道了，最近忙呢，有时间再打。

爸：什么时候的车，回头来接你。

我：不用了，今天留在县城了，在同学家吃饭。

妈：我做了一桌子的菜呢，咋又不回来了。

我：难得回家和同学聚聚嘛。

妈：你也难得回家，我们半年才看到你一次啊。

终于到家了，吃饭时间已经过了，饿得很，冰箱里满满的菜，几乎都没动过，老妈说，你不在，你爸喝酒都没有心思。

实习：

我：妈，实习太苦了，我要回家。

妈：回家，歇着，养得起。

爸：回家，你爸还能干活呢，连你都养不起，我白混了。

他们的话，让我很没志气地跑回家躲了很多天。

实习到东北：

妈：最近还忙啊，吃饭了没有啊。

我：很忙呢，随便吃了点面。

妈：不能光吃面，要吃有营养的，哪怕到外面点个菜吃。

我：嗯，知道了。

过年回家，院子里晒了 N 多干货，香肠，家里 N 多腌制的鱼肉。老妈说，这些不烦神，直接就可以烧着吃了，比吃面条好多了。她冬天手都是开裂的，那些腌肉，都是用盐细细码好的。

现在：

我：妈，等我稳定了你出来玩吧，我现在有钱了。

妈：你能有几个钱，外面花费那么贵，省着点。

我：我真有钱了，你来也有地方住。

妈：我还得照顾你爸呢。

老爸是离不开老妈的，我知道，老妈永远是个操劳的命。

每天一个电话，就那么几句话，以至于我觉得老妈都烦了。前几天太忙没给家里电话，昨天打回去，刚响，老妈就接了，问冻着没，问吃饱没，问累着没？我以为每天都有电话，没有那么多话说的，其实她一直在等我的电话。每次回家，桌上总有那么些个你喜欢的菜。

每次聊天，他们总是会问问，吃饱没，穿暖没，累着没，而我们很少或者根本没有问过。

他们曾经是天，说一不二，你从不能违抗。可是现在，他们都听你的了，你说什么都是对的了。因为他们老了，他们开始寻求依靠了，而他们这辈子，拥有的只有我们。

玫瑰花

男孩：想求你一件事。

女孩：什么事？

男孩：陪我演场戏。

女孩：演什么？

男孩：演我老婆。

女孩：演多久？

男孩：一辈子。

六十年后，

一位白发老奶奶抚摸着病床上的老头子，

感叹：如果这场戏永远没有全剧终该多好。

老头子：老太婆，我想求你件事。

老奶奶：什么事？

老头子：下辈子，

和我一起演续集好不好！……

520 条短信：对不起，我爱你

有种不能愈合的伤那是"对不起"

有种戒不掉的瘾那是"我爱你"

世界上最最毒的承诺是"我爱你"

世界上最不负责任的是"对不起，我爱你"

那一年，你十七岁，我十六岁。我们在同一个学校，同一个班级读书。

你是班里的小混混，整天游手好闲地混日子。我是班里的好学生，成绩优秀，考试总是位列前五名。

你长得很帅气，虽然学习不好，但却很聪明。同学都说我很可爱，人缘好，在班里很受喜欢。

我们是朋友，在很短时间的交往中，我感觉到你喜欢上了我，我也不懂那是一种什么感觉。后来，你告诉我说，只是莫名地想见我，明明刚才见过，却还是止不住思念；常常无缘无故登 QQ，看着 QQ 上你灰暗的头像，总会忍不住"胡思乱想"。我难过，你也会难过，我开心，你也会开心。

渐渐地，我也感觉到你跟我在一起的时候不怎么敢说话、或许你也不知道该说什么吧。

我发现了你的反常的举动，可是我不懂你在想什么，以为你家里出了事才会这样子，过段时间应该会好转吧……

时间一久，我越发觉得你内心藏着小秘密，你上课总是忍不住转头看我，似乎已经成了生活的习惯。我还是不明白，每每问你时，你却会把眼睛转向远方的风景，眼底闪过一丝的无奈，心里默念了无数遍"我喜欢你"，只可惜我听不到。

一天，你从其他朋友那里得到了我的手机号码，你异常兴奋，便忍不住给我发了一条短信："打个岔，占用你 10 秒的时间，告诉你件无关紧要的事……就是我……在想……在想你……"

我能感觉到那是你，可是在那样的年纪，学习、考试压力压得我喘不过气来，我只能将这段感情悄悄地隐藏，不被任何人所发现。

我拿起手机，悄悄地把你的短信删掉，生怕被敏感的父母发现。

我开始有意无意地躲避你，不再和你一起玩，甚至不和你说一句话。

而随后的整整两个星期的时间，你都坚持每天发一条短信给我：

你说，你这一生最大的愿望就是能和我在一起。

你说，你和我在一起的第一个愿望就是陪我一起去想去的地方看美丽的风景，一起吃想吃的小吃再细细回味，在每一处都留下我们的足迹与回忆。

你说，我们要去爬一座我喜欢的山，彼此依偎着看天际明亮的星，对着流星许下相依相守的诺言。

你说，我们在未来要买一所不大不小的房子，一起设计一起装饰，一起置办家里所有的东西，把温馨渗透在点点滴滴中。

你说，我们要在一起，彼此明白对方不是最好的，知道对方的种种缺点，却还能依然执着地爱着，依然愿意为了对方踏入"围城"。

你说，我们结婚后，希望我会像小孩子一样吵着要你唱歌，然后你无奈却宠溺地摸摸我的头，让我听着你的声音入眠。

你说，你每天都会让我吃到可口的饭菜，而自己则在旁边傻傻地看着我不顾形象地大口大口地吃掉，然手微笑着帮我擦掉嘴角的残渣。

你说，希望我偶尔能无理取闹，你总会宽容地体谅我。我们的生活也应该有点"战争"，有时候，我们也要拌嘴、冷战，最后再一起妥协。

你说，当我忙碌的时候，你会适当地退到一旁，不去打扰，只是默默想念，必要时端一杯热茶，安静地等待我忙完。

你说，在你晚归的时候，希望昏黄的灯光下有我的身影，你默默地走过去轻轻地抱住我，然后一起回属于我们的家。

你说，我们会一起去逛街买衣服，有你为我搭配，有我为你挑选，再冷的冬天也有彼此的心相互温暖。

　　你说，当帅气的男生向我走来时，你还是会吃醋耍脾气，但是心里却完全信任我，把十指扣紧，对帅哥说"对不起，她已经有了爱人"。

　　你说，你会问我要一个孩子，我们一起为宝宝取名字，一起看着我们的孩子慢慢长大，而我们渐渐老去，感情却一如既往。

　　你说，我们在一起不会计较付出与所得，只在乎是否幸福快乐。你会让你的爱慢慢地变成我生活的一种习惯，平平淡淡地陪我到老。

　　随后，我已经两个月没有收到你的短信息了，两个月也没见到你了。

　　每次回过头去看看你空空的座位，心中有些莫名的失落。我想，在那些日子，是你的那些文字温暖着我的心，让我的成绩突飞猛进。

　　后来，我隐隐约约听同学说，你病了，在学校不远处的一家医院。可我还是不能去看你，只是没有勇气面对撞见你后的尴尬和难堪。

　　那天放学，在校门口，一个小女孩把一封信和一个手机交给我，后来，我知道那是你的妹妹。

　　上面歪歪扭扭地写了几句话：

　　"对不起，以后再也不能陪你了！"

没去上课的这几天，我很不舒服，去医院检查后医生说我可能要……当你看到信的时候，我已经去了很遥远的地方了。

很抱歉，这两个月我一直没发短信给你。其实我还有很多话想对你说，那里面包含着我一生的经历，只是我发现平时轻松能按下的手机按键变得我再也按不动。

我花了很长的时间，终于打完了字……对不起……

答应我不许难过！我不在的日子，你要开心哦！

对不起，那件事我真的不是故意的，我只是想知道你喜欢谁，因为我喜欢你……

呵呵……这些都已经不重要了。你呀！一定注意身体，天冷要加衣……

……"

打开手机，我翻开短信草稿箱，里面存满了整整五百零六条短信！都是准备发给我的！

良久，我跌坐在地上，失声痛哭……

因为……他先前两星期发给我 14 条短信，最后加上手机草稿箱里的 506 条短信，就是：14＋506＝520＝我爱你！

我怀念的不是你，而是你给的致命的曾经

爱火，还是不应该重燃的。重燃了，从前那些美丽的回忆也会化为乌有。如果我们没有重聚，也许我□带着他深深的思念活着，直到肉体衰朽；可是，这一刻，我却恨他。所有的美好日子，已经远远一去不回了。

——张爱玲

当他的声音，他的名字在电话那一端响起，你觉得现在的生活像大海落潮时的海港一样，从眼前沥沥退下。许多年前的日子，那些等他时激动不安的心情，还有他白色的球鞋，自己的蓝色短裙，他被太阳晒黄的额发，自己那时用过的香水气味，那些年轻的美好时光，一点一点重现在你眼前。

你以为自己早就把它们忘记了，可是没有，它们好好地睡在你的心里，当他的声音重又出现，它们就被唤醒，就一个一个从记忆里站了起来。你的心却不再是葡萄一样光滑易破的了，现在它更像一颗荔枝，所有柔软的地方全被壳包起来了。

他在电话里含蓄地说，想来看看你。你也想看看他。他现在成了你美好过去的象征，他身上，有你的过去。你不一定真想要看到他这个人，他已与你几乎是陌生人了。你想见他，是想偶尔有机会回到过去，回到自己年轻的时候，回到一颗心骄

傲而光洁的时候。回到热烈地爱上什么人的那时候。那是让人怀念的日子。

你们见了面。他与街上的普通男人没有太大的不同。他怎么是这样一个人，这么老，并没什么诗意，也看不见雄心壮志。他就是一个平凡的成年人。

你不知道，在他心里，也许和你一样惊叹着，原来你也不是一个少年梦想过的仙女。

你们在对方的脸上，发现自己已经老了，发现过去原来是那么遥远的事，发现自己竟亲手把对过去的留恋和好感用见面的方式完全摧毁。内心的激动和不宁，就这样平复在失落里。

这时，他才突然顿悟：我原来怀念的不是你，而是你给的致命的曾经。

我不会把你让给任何人，包括上天

伊，覆我之唇，祛我前世流离；

伊，揽我之怀，除我前世轻浮。

执子之手，陪你痴狂千生；

深吻子眸，伴你万世轮回。

执子之手，共你一世风霜；

吻子之眸，赠你一世深情。

我，牵尔玉手，收你此生所有；

我，抚尔秀颈，挡你此生风雨。

予，挽子青丝，挽子一世情思；

予，执子之手，共赴一世情长……

她说："我不会把你让给任何人的，包括上天！"

吕雉的一杯毒酒，让原来的她离开了人世，再度展开笑颜的，不是樱花月下为刘盈起舞的杜云汐，而是改名换姓前往代国的细作——窦漪房。她见到了面前这个眉眼清秀的男人。他，有个忍辱负重的名字，叫代王，她，有个高深莫测的名字，叫窦美人。

她在囚室见到了吕雉早年的细作青宁王后，听她说，你知道吗，当我第一次看到代王的时候，我就被他的眼神吸引了，深邃、温柔，见到他的那一刻起，我就决定，我要保护他，一生一世保护他，哪怕付出生命。太后娘娘训练细作，只是把我当成她的武器，可是她不知道，最强大武器，就是爱情。她的丈夫，刘恒，值得任何一个女人去托付终生，值得任何一个女人去爱。

他有了新王后，她落寞地一个人在院子里跳起了双人舞《比翼双飞》，岂知笑眼盈盈的他竟在新婚之夜跑来牵起她的手走进了自己的婚姻殿堂，对她说，我刘恒对天发誓，此生只爱窦漪房一人，她亦动容地说，我窦漪房对天发誓，此生只为代王所有，一生不离不弃。

她为了情义，甘心拿自己交换好姐妹莫雪鸢，她问，代王，如果臣妾这次不能活着回来，代王会怎么样？他说：如果你死了，本王会踏平整个长安。今生今世，无论你说什么，本王都相信你，永不相问。

她为他谋划霸业，终于离皇位仅有一步之遥，千钧一发之际，他在江山与美人的抉择中，温柔坚定地说，要美人！

他死死地握住刘章伸向漪房脖子的剑刃，任凭鲜血顺着剑锋滴到地上，说：漪房，我没事。轻柔却笃定地安慰她。说出这个"我"字，他忘记了自己的身份，忘记了匡扶宗室、继承大统的志向，也忘记了他奋斗了半生的梦想。他只是这个"我"，一个想要保护她的男人。江山似乎成了美人价值的量化，此刻他们的爱情，值得用整个大汉朝来做交换。她的眼里满是疼惜，从此以后，她竭尽所能地为他承担一切，斯杀一生，始终站在潮头的风口浪尖上，心中没有任何抱怨。

此生第一次，当他为了她的隐藏的身份而心痛：朕只是觉得朕爱你太多了，以后要少爱一些。要不然有一天，你也这样豁出命去帮助别人，你让朕怎么去承受这么大的痛苦。离开寝宫，他内心默念着，窦漪房啊窦漪房，你连一句真话也不肯告诉朕，就算你曾经是吕雉的人又怎么样，难道十几年的恩爱，也敌不过你心里那点疑惑吗？你太让朕失望了，太让朕失望了。几经心痛难过，他忍不住回到椒房殿，在轻轻烛火下凝视眼前默默流泪的女子，朕知道，你也是想朕的吧。感觉到怀里的她，手一下一下捶打着自己的背，他只是一遍一遍地重复，朕好想你，好想你。冰释一刻，原来他只想要一句轻柔软语、一点脉脉温情。

金戈铁马的动荡时局，充满倾轧暗算的后宫斗争中，她为了给雪鸢报仇，杀了背叛自己的妹妹慎夫人，收押了造反的周亚夫，她为了国事终日操心，她被自己的儿子误会，看着他们的女儿远嫁。她在朝堂上有着非凡的霸气和威严，却是她的笑容，如昙花一现般珍贵而稀少。她身边有隐姓埋名做弟弟默默守护她的刘盈，看着她刘盈心痛地感叹，若我还在朝，又怎会让你如此痛苦。

但她仍是他的美人，他的王后、皇后，他孩子的母亲，他为了她废了六宫，挚爱一人，没有人可以改变这份深情与信任。但他们在帝王家寒冷的孤独和彼此的陪伴中老了。

还好，他一直在她身边，她也始终在他身边。他看到她做到一半的衣服，从来没有比过尺寸，可做得却分毫不差。她说，因为陛下始终在我心里！

她的眼睛因流泪开始失明。他说，朕现在最大的心愿就是你好好吃药，朕听说你又把药给倒了，良药苦口啊，大不了，朕含在嘴里，一口一口地喂你，好不好。平生第一次误朝，是为了给她做只手杖。用丝帕小心擦净手指伤口处的鲜血，他眼里满是震惊和不舍，原来，这根手杖即将变成她唯一的依靠了……看着她因为失去了宫女的搀扶而茫然无措，他的心里满是痛惜与珍视，他许下此生唯一一个自知无力兑现的诺言，漪房，朕会陪你，做你一生的依靠。带着历尽沧桑的疲惫，他牵起了面前容颜已老的人儿。

她的心在刀光剑影中慢慢变得狠厉精明，与她摩擦半生的他的母亲薄姬，临终终于对她说出了久违的话，漪房啊，高祖皇帝有三个最重要的女人，你比他最爱却惨死的戚夫人幸福，你拥有的是恒儿完整的爱，哀家和吕雉守住了他的江山霸业，你同样有吕雉和哀家的权力，哀家不是不知道你人好，哀家嫉妒你，羡慕你，也对不起你……薄姬终于如落花，璀璨了一生，慢慢落去。她明白了，自己在他身边，是个幸福得让母亲都嫉妒的女人。尽管这位母亲多年前为了救自己的儿子，亲手划破了自己的如花容颜。

幸福慢慢出现了阴影的笼罩，日渐衰弱的他咳出了淡淡的血迹。她依偎着他，默默无语，心里却是波涛汹涌，我不会把你让给任何人的，包括上天。刘恒啊，再陪我走一段好吗？哪怕只有一小段，哪怕给我留下忘记你的时间。这么大的椒房殿，我什么都没有，我只有你。他为她拼尽最后一丝气力，重重地倒在了朝堂上。而她，则为了守住他的气息和基业，只靠这只手杖支撑和守护着，又在这冰冷的汉宫孤独地度过了二十一年。

安诤的她仍记得那个布满了烟火和幸福的新婚之夜，眼前温柔的男子牵着她的手轻声呢喃：漪房，生死契阔，与子成说，执子之手，与子偕老。

错过了，就再也回不去了

> 这一天，最无法预见的，是遇见；我们不知在哪一眼，就是开始。这一生，最无法告别的，是离别。不知哪一眼，就是诀别。从遇见到诀别，人生如此奇妙的静静谱写着悲欢。

他和她是大学同学，他自从第一眼见到她就爱上了她，可却没勇气说出来。毕业后出类拔萃的他分在了她从小生活的城市，他依然没有勇气说出那个"爱"字。他觉得他太平凡了，根本配不上天生丽质父母又都是高干的她。

她知道他是喜欢她的，在大学里她总是被男生众星捧月般宠着，像个美丽的公主，可惜一个男孩子也没能俘获她的芳心，只要他对她表白她就答应他。等了三年，她没等到那句话，以为自己自作多情了。

她嫁人的那个夜晚，他喝得烂醉如泥，哭了，为她有了爱的归宿又笑了。他一直未娶，父母和朋友都为他着急，也给他介绍了不少气质不错的优秀女子，可他总找不到爱的感觉，他的心中只有她，没有一个女孩子能代替她在他心中的位置，只有他自己知道她在他心中有多重，爱她有多深，她是他心中的天使。

两年后，他听说她离婚了，她男人拿到绿卡后，给她寄来一纸离婚书。他听到这个消息，心里一阵阵被揪得生疼，拳头攥得咯吧咯吧响。他不想再失去这个机会，否则他会疯的。经过激烈的思想斗争，他终于鼓足了勇气买了一束玫瑰去她的单位找她，他要把这么多年对她的爱全说出来，今生今世在一起，像宝贝一样爱她一辈子。

走进她单位的办公大楼时，他把玫瑰藏在西服里，其实大楼里的人早已没了人影。他径直来到她的办公室，办公室里只有她一个人，他捧着玫瑰花静静站在门外等她，只要她一转过身来，他就把玫瑰和一颗爱的心送给她。

她在拨着电话号码，他看着她优雅而高挑的背影，被即将到来的幸福陶醉了。

"老公！我临时有事，可能迟会去，你们在海悦大酒店几号包厢？"犹如一把锋利无比的利刃刺中了他，一阵昏眩，他扶住门框才没跌倒，稳了稳神悄悄地转身下了楼，正如他悄悄地来，这些她都不知道。他急急地走着，却与一个女人撞了个满怀，刚要张口说对不起，那个女人却抢先开了口。

"玫瑰是送给我的吗？"女人笑盈盈地问。他这才看清他撞的女人是他的另一大学同学笑笑。笑笑是他局长的女儿，一直喜欢着他。他笑了笑，默默地把准备扔到楼下垃圾桶的玫瑰花递给笑笑。笑笑牵着他的手幸福地依着他走出大楼。

他和笑笑很快便领了结婚证，虽然他从来没有喜欢过她。

多年后，他已是一个重要部门的处长，在一次朋友的聚会上，他和她又相遇了，他见了她，心里不由得一动，她依然风姿秀逸，端庄典雅，给人一种可望不可即的感觉，眉目间看出她是忧郁的。他得知她依然一个人生活，有些吃惊。

她幽幽地问他，那日在她办公室前为什么突然走了。他一惊，原来她知道他站在门外。

"你和你老公在打电话，我就没打扰。"他苦笑着说。她的泪再也抑制不住，一下子涌了出来。原来，那天她们科室集体为一个去南方发展的同事饯行，她正要下楼，透过窗户看见他捧着一束玫瑰花正要上楼，她的心狂跳不已，立即回到办公室给科长老宫打电话，可能要去迟些。她们一直戏称宫科长为"老公（宫）"，叫顺了口。他一句话也说不出来，只觉得一股冷气从脚心往上直冲，颤抖着怎么也端不起酒杯，眼角涩涩的，没想到，一个字却可以让他错过一辈子的幸福。但是，感情，一旦错过，就再也不能回去了。

幸好，没有在最青春貌美时遇见你

有时候，

缘分像大把大把的午后阳光，

把我们的影子重叠起来，

揉进爽朗的大笑，

我们不牵手，

我们不拥抱，

只把一条街道走到疲惫。

　　她和他认识的时候，都不是那么年轻了，已经进入了大龄青年的行列。

　　是别人介绍的。约在一家海鲜餐馆门前见面，她简单收拾了一下，提早去了几分钟。没承想，他却迟到了，直到过了约定时间几分钟，他才匆忙赶到。

　　竟然是个好看的男子，褪去了小男生的青涩和单薄，神情略显沉稳，衣服穿得也很有品位。一见面，就急急道歉，说路口塞车，足足塞了45分钟，请她一定原谅。

　　她笑，没关系的。暗自算了算，如果不塞车，他会比她到得早。那么，他不是故意的。她相信他的话，再说，即使迟到几分钟又怎样？他已经道歉了。

两个人就进了餐馆，找了靠窗的位置坐下，他把菜单递给她，想吃什么就点什么。

她还是笑，小声说一句，我减肥呢。

他也笑，不用啊，胖点儿怎么了？只要健康就好，再说，你不胖啊。

她其实真的有一点点胖，只是那么一点点，自己会介意，他却真的不介意。索性拿过菜单，也不看价格，招牌菜，一连点了好几个。

感觉得出来，他对她的印象不错。而她也是，觉得从外表，自己甚至有点配不上他。但她并不表现出来这一点点自卑，从容地和他说话。他更是处处照顾她的感受，体贴她，如体贴一个小女生，让她感觉到被宠爱的温暖。

就这样慢慢接近了，过了半年的样子，他提出了结婚，她同意了。觉得自己终究还是个有福气的女子，在这样的年纪，还能遇到这么温和体贴又英俊的他。

结婚前几天，他们的好朋友帮着他们收拾新家，有他和她单身时的一些物品，其中，也包括各自的旧相册。大家翻出来看，于是看到了最年轻时候的他们。

那时候的他，那样英俊挺拔，穿白衬衣和牛仔裤，戴很酷的腕表，眼神里，带着不羁的味道。而那时候的她，也有那么一点点的胖，但非常漂亮，眉目中，满是清高满是骄傲。

有朋友"呀"了一声，对他俩说，可惜你们没有早几年碰上，那才真的叫金童玉女。

他笑了，她也笑，却都没有说话。那一刻，他们心里都很明白，幸好，他们没有早几年遇到，不然不会走到一起。那时候的他，叛逆不羁，喜欢那种个性冷酷的消瘦女孩，并不是她那种。而那时候的她，对男孩子更是格外挑剔，要求对方品貌俱佳，更要守时，讲信用。最容不得男人迟到，从不给他们任何辩解的机会……他们，就是这样，因为挑剔，因为不够宽容，在最年轻的光阴里一再错过爱情。

而现在，他们都在情感的磨砺中成熟起来，内心不再浮躁不安，渐渐宽厚而平和，都懂得了为对方着想。现在碰上，对他们来说，才是最好的。

所以，真的不用遗憾，没有在最青春美貌的时候遇见你，因为我们要的，终究不是那一场哪怕足以天崩地裂的爱恋，而是天长地久的温暖相伴。

莫斯科不相信眼泪，但相信玫瑰

人间是最能表现自我的剧场，如果有一天故事剧终，选择出离，一定要真的放下，而不是走投无路的放逐。要相信，别无选择的时候，往往有最好的选择。

——白落梅

1998 年，我正在俄罗斯留学。那一年的情人节，莫斯科很冷，气温达到了零下 38°C，而且天空飘满了雪。尽管如此，兜售玫瑰的小贩们依然不停地穿行于大街小巷，让这爱情的信物无止无息地燃烧，温暖着那些置身爱情中的人们。

我是个例外。那些玫瑰只会让我更加寒冷，因为我被失恋的旋风刮到了爱情的边缘。我开始怀疑，这漫天飞舞的誓言的雪里到底掺杂着多少谎言的碎屑？

我从伤心的咖啡馆里走出来，我刚刚在那里跟叶分手。多么讽刺，这分明应该是一个让情人们牵手的节日，而我们却分道扬镳。我头也不回地走掉，我知道一切都结束了，就像身后的脚印，我走过，然后脚印被厚厚的雪覆盖住。

我漫无目的地走着，穿行在玫瑰和谎言的潮水中，无法靠岸。

"买束花吧，先生。"

一个穿得很单薄的老妇人用干瘪的手轻轻拽了拽我的衣角。

"多少钱一束?"我随口问了一句。

"您看着给吧，感情是没法标价的不是吗?"

我微微一怔，没想到她会说出这样一句耐人寻味的话来。我抬头看了看她，冷风将她的脸冻成了酱肉般的颜色，却没有阻止她对我微笑。

她的小摊上摆满了红红的玫瑰，可是生意并不好。

我随手拣了枝玫瑰，想到自己失败的爱情，便往她那个装钱的纸箱里扔了1戈比，"我的感情就值这些钱"。我耸耸肩，无赖似的说。

那个数目相当于施舍一个乞丐。

我把花拿在手里，无人可送。我感觉到玫瑰异常刺眼，似乎在用它的高贵嘲弄我，我将它奋力地向空中抛去，红色的花瓣随着雪花一起飘落在街上。

这时那个卖花的老妇人从后面追上我，我想大概是我的举动侮辱了她。"我可是在每一片花瓣上都许下了祝愿的。"她埋怨道，"你不该这样糟蹋鲜花。"

"可是，"我嗫嚅着，"再没有人要我的玫瑰花了。"我向她诉说了刚刚失败的爱情。

"去把那个惹你伤心的姑娘带来，我给你们讲个故事听。"

她略带些命令的口吻说。

我有些犹豫，但还是拨响了叶的电话。叶披着雪来了。

"孩子们，"老妇人说，"这是我们这里家喻户晓的故事，可你们中国人未必听过。不嫌烦的话，我就给你们讲讲。"我和叶不约而同地点了头。

"卫国战争的时候，"她讲道，"我们这里曾经是战场。有一对刚结婚不久的青年男女，被迫要分离了，男的要去保卫祖国，临走前，他对她说，你就在这座房子里等我，我一定会回来。

"战争进行得很激烈，也很残酷。一年后，他们的家乡也成了前线。按照上级的指示，当地群众必须全部撤离，但她没走。她记着他们的约定，她要守在这座房子里，她要等他回来。

"她成了前线的一名护士，而这座房子就成了战地医院，她和战地上的医护人员们一起冒着枪林弹雨，把受伤的战士一个一个地抬走，把死去的战士一个一个地埋掉。

"战争结束了，英勇的苏联人民取得了最后的胜利，但损失是惨重的，全国都沉浸在哀悼亲人的悲痛里。她守在那座房子里，一年、两年、三年，她始终怀揣着那个希望，她说他一定会回来。她在房子里种下很多玫瑰花，她把那座房子装扮得像天堂，她等着他回来，从一个少女一直等到一个老太婆……"

"最后她等到了吗？"我和叶同时问道。

"没有，可是那个希望就像是一盏灯，坚强地亮着，照耀着她的每一个夜晚。"老妇人接着说，"这个摊子上的玫瑰花就是从那里摘来的，每一片花瓣上都有祝愿的。我真不明白你们这些年轻人，这感情怎么说扔就给扔了呢？就像你刚刚扔掉的玫瑰花，看着让人心疼……"

我和叶都低下了头，我们彼此看到了对方微红的脸，两双手又叠到了一起。

我的脸忽然发起烧来，我为自己用 1 戈比买她的玫瑰花又随手扔掉而局促不安了。我感到自己像个急切地想飞起来的黑色的灰烬，到处是明晃晃的雪，到处是纯净的世界，只有我，这黑色的极不协调的灰烬。我想飞起来，可是没有风，我逃不掉。

我想到一个弥补过失的办法，我对叶说："我们来帮她卖花吧。"

我们找到一块木板，在上面写下很诗意的一句话：莫斯科不相信眼泪，但相信玫瑰。

善良的人们纷纷前来，买走了一束束玫瑰。

天色渐暗的时候，我们的小摊上就只剩下两束玫瑰在燃烧了。

"这是天意，孩子们，"老妇人说，"你们看这最后的两束玫瑰，这是你们的。你们应该始终在一起，不是吗？"

我和叶捧起了那两束火焰，我们相互凝视的目光融化了很多雪花。我们从爱情的背面一步步地走回来，渐渐走到阳光明媚的早晨，渐渐走到布满草莓的春天。

老妇人把我们领进了一个天堂般美丽的房子，偌大的房子里到处都摆满了盛开着鲜花的花盆。

"难道那故事里的主人公就是您?"我和叶像发现了神话一般问道。

"不，她早已去世了。我已经是第十二个住进这房子的人了。她在临终时说过，不论谁住进这房子，都请替她履行等待的义务，别让那些玫瑰们枯萎。"

老妇人接着说："每年的情人节，我都会拿一些玫瑰花去卖。我想攒些钱把房子好好修葺一下，我待不了太久，我能做的只有这些了。"

我和叶几乎同时想到了要住进这房子中来，这里生长着永不泯灭的生生不息的爱。它让我们一颗颗冰冷的心慢慢解冻，让所有的明天都温暖如春，在它的火焰里。我相信自己最终也会挺立成一株顽强的玫瑰，用誓言去击败谎言，用真情去唤起真爱。

莫斯科不相信眼泪，但相信玫瑰!

木槿花

寒冬早晨，

她下夜班回来发现他居然还赖在床上。

她想着自己的辛苦，忍不住歇斯底里起来。

他什么也没说，

起来去厨房端出早已准备好的早饭，

急急忙忙上班去了。

她流着委屈的泪水，吃饭、洗漱……

当她躺下的时候，

觉得被窝里暖暖地存着他的热量，

才想起刚才他一直躺在她这边，

忍不住又哭了……

今天离婚，你得抱我出家门

今天，你来到这里，

给我带来了家的温暖，

给我注入了工作中的力量源泉，

给我捎来了千万句的叮嘱，

我们共同许下了守候一生的诺言。

突然之间，

我明白了幸福的概念；

突然之间，

我明白了牵手一辈子的深刻内涵。

妻说，是你将我抱进家门的，要离婚了，你再将我抱出这个家门吧。

与妻结婚的时候，我是将她抱过来的。那时我们住的是那种一家一户的平房，婚车在门前停下来的时候，一伙朋友撺掇着我，将她从车上抱下来，于是，在一片叫好声中，我抱起了她一直走到典礼的地方。那时的妻是丰盈而成熟的娇羞女孩，我是健壮快乐的新婚男人。这是十年前的一幕。

以后的日子就像是流水一样过去，要孩子，下海，经商，婚姻中的熟视无睹渐渐出现在我们之间。钱一点点地往上涨，但感情却一点点地平熄下去，妻在一家行政机构做公务员，每天我们同时上班，也几乎同时下班，孩子在寄宿学校上学。在别人看来，生活似乎是无懈可击的幸福。但越是这种平静的幸福，便越容易有突然变化的几率。我的生命中又出现了另外一个女人。当生活像水一样乏味而又无处不在时，哪怕一种再简单的饮料，也会让人觉得是一种真正的享受。她就是露儿。

天气很好，我站在宽大的露台上，露儿伸了双臂，将我从后面紧紧抱住。我的心再一次被她的感情包围，几乎让我无法呼吸。

这是我为露儿买的房子。露儿对我说，像你这样的男人，是最吸引女孩子的眼球的。我忽然想起了妻，刚刚结婚的时候，她似乎说过一句，像你这样的男人，一旦成功之后，是最吸引女孩子的眼球的。想起妻的聪明，心里微微地打上了一个结，我清楚地意识到，自己对不起她。但却欲罢不能。我推开露儿的手，说你自己看着买些家具吧，公司今天还有事。露儿分明地不高兴起来，毕竟，今天说好了要带她去买家具的。关于离婚的那个可能，已经在我的心里愈来愈大起来，原本觉得是不太可能的事情，竟然渐渐地在心里想象成可能。只是，我不知道如何对妻子开口，因为我知道，开口了之后必然要伤害她的。

妻没有对不起我的地方，她依旧忙忙碌碌地在厨房里准备晚上的饭菜，我依旧打开电视，坐在那里，看新闻，饭菜很快上桌，吃饭，然后两个人在一起看电视，或是一个人坐在电脑前发会儿呆。想象露儿的身体，成了我自娱的方式。试着对妻说，如果我们离婚，你说会怎样？妻白了我一眼，没有说话，似乎这

种生活离她很远。我无法想象，一旦我说出口时，妻的表现和
想法。

妻去公司找我时，露儿刚从我办公室里出来。公司里的人
的眼光是藏不住事情的，在几乎所有人都以同情的目光和那种
掩饰的语言说话的时候，妻终于感觉出了什么。她依旧对着我
的所有下属以自己的身份微笑着，但我却在她来不及躲闪的一
瞬间，从她的眼神中读出了一种伤害。

露儿再次对我说，离婚吧何宁，我们在一起。我点头，心里
已经将这个念头扩到非说不可的地步了。妻端上最后一盘菜时，
我按住了她的手。说我有件事要告诉你。妻坐下来，静静地吃
着饭，我想起了她眼神中的那种伤害，此刻分明地再一次显出
来。突然间觉得自己有些不忍，但事到如今，却只能说下去。咱
们离婚吧，我平静地说着不平静的事。妻没有表现出那种很特
别的情绪，淡淡地问我为什么。我笑，说：不，我不是开玩笑，
是真的离婚。妻的态度骤然变化起来，她狠狠地摔了筷子，对
我大声说，你不是人！

夜里，我们谁也没理谁，妻在小声地哭，我知道她是想知
道为什么。但我却给不了她答案，因为我已经在露儿给我的感
觉里无法自拔。我起草了一份协议给妻看，里面写明了将房子、
车子，还有公司的30％股权分给她。写这些东西时，心里是一
直怀了对妻的歉疚的，妻愤愤地接过，撕成碎片儿，不再理我。
我感觉自己的心竟然隐隐地有些疼起来，毕竟是一起生活了十
年的爱人，所有的温柔都将在未来的一天变成陌路一般的眼神，
心里也有些不忍，但话一出口，毕竟是无法收回的。妻终于在
我面前放声大哭，这是我一直以来想得到的，似乎是释放了什

么东西一般，几个星期以来的压抑的想法都随着妻的哭声而变得明朗而坚决起来。陪客户喝酒，半醉的我回到家中时，妻正伏在那里写着什么。我躺在床上睡去，醒来的时候，发现妻依旧坐在那里。我翻个身，再沉沉地睡去。

终于闹到了非离不可的地步，妻却对我声明，她什么也不要我的，只是在离婚之前，要我答应她一个条件。妻的条件简单，便是再给她一个月的时间，因为再过一个月，孩子就过完暑假了，她不想让孩子看到父母分开的场面，而且，在这一个月里还要像以前那样生活。我接过妻写的协议，她问我，何宁，你还记得我是怎么嫁过来的吗？蓦地，关于新婚的那些记忆涌上来，我点头，说记得。妻说，是你将我抱进来的，但是我还有个条件，就是要离婚了，你再将我抱出这个家门吧。这一来一去，都是你做主好了，只是，我要求这一个月，每天上班，你都要将我抱出去，从卧室，到大门。我笑，说：好。我想妻是在以这种形式来告别自己的婚姻，或是还有对过去眷恋的缘故。我将妻的要求告诉了露儿，露儿笑得有些轻佻，说再怎么还是离婚，搞这么多花样做什么。她似乎对妻很不屑，这或多或少让我心里不太舒服。一个月为限。

第一天，我们的动作都很呆板。因为一旦说明之后，我们已经有很久没有这么亲密接触过了，每天都像路人一样。儿子从身后拍着小手说，爸爸搂妈妈了，爸爸搂妈妈了，叫得我有些心酸。从卧室经客厅，出房门，到大门，十几米的路程，妻在我的怀抱里，轻轻地闭着眼睛，对我说，我们就从今天开始吧，别让孩子知道。我点头，刚刚落下去的心酸再一次地浮上来。我将妻放在大门外，她去等公交，我去开车上班。

第二天，我和妻的动作都随意了许多，她轻巧地靠在我的身上，我嗅到她清新的衣香，妻确实是老了，我已有多少日子没有这么近的看过她了，光润的皮肤上，有了细细的皱纹。我怎么没发现过妻有皱纹了呢，还是自己已是多久没有注意到自己这个熟悉到骨头里的女人了呢。

第三天，妻附在我的耳边对我说，院子里的花池拆了，要小心些，别跌倒了。第四天，在卧室里抱起妻的时候，我有种错觉，我们依旧是十分亲密的爱人，她依旧是我的宝贝，我正在用心去抱她，而所有关于露儿的想象，都变得若有若无起来。

第五天、六天，妻每次都会在我耳边说一些小细节，衣服熨好了挂在哪里，做饭时要小心不要让油溅着，我点着头，心里的那种错觉也越来越强烈起来。我没有告诉露儿这一切。感觉到自己越来越不吃力了，似乎是锻炼的结果，我对妻说，现在抱你，不怎么吃力了。妻在挑拣衣服，我在一边等着抱她出门。妻试了几件，都不太合适，自己叹了口气，坐在那里，说衣服都长肥了。我笑，但却只笑了一半，我蓦然间想起自己越来越不吃力了，不是我有力了，而是妻瘦了，因为她将所有的心事压在心里。那一瞬间，心里紧紧地疼起来，我伸出手去，试图去抚妻的额角。儿子进来了，爸爸，该抱妈妈出门了。他催促着我们，似乎这么些天来，看我抱妻出门，已经成了他的一个节目。妻拉过儿子，紧紧地抱住，我转过了脸不去看，怕自己将所有的不忍转成一个后悔的理由。从卧室出发，然后经客厅，屋门，走道，我抱着妻，她的手轻巧而自然地揽在我的脖子上。我紧紧地拥着她的身体，感觉像是回到了那个新婚的日子，但妻越来越轻的身体，却常常让我忍不住想落泪。

最后一天，我抱起妻的时候，怔在那里不走。儿子上学去了，妻也怔怔地看着我说，其实，真想让你这样抱到老的。我紧紧地抱了妻，对她说，其实，我们都没有意识到，生活中就是少了这种抱你出门的亲密。停下车子的时候，我来不及锁上车门，我怕时间的延缓会再次打消我的念头。

我敲开门，露儿一脸的惺忪。我对她说，对不起露儿，我不离婚了。真的不离了。露儿不相信一般看着我，伸出手来，摸着我的头，说你没发烧呀。我挡开露儿的手，看着她，对她说，对不起露儿，我只有对你说对不起，我不离婚了，或许我和她以前，只是因为生活的平淡教会了我们熟视无睹，而并不是没有感情，我今天才明白。我将她抱进了家门，她给我生儿育女，就要将她抱到老，所以，只有对你说对不起。露儿似乎才明白过来，愤怒地扇了我一耳光，关了门，大哭起来。

我下楼，开车，去公司。路过那家上班时必经的花店的时候，我给妻子订了一束她最喜欢的情人草，礼品店的小姐拿来卡片让我写祝语，我微笑着在上面写上：我要每天抱你出家门，一直到老。

有一个女人曾经对他如此重要

当你喜欢我的时候，我不喜欢你。

当你爱上我的时候，我喜欢上你。

当你离开我的时候，我却爱上。你

是你走得太快，还是我跟不上你的脚步？

我们错过了挪亚方舟，错过了泰坦尼克号，

错过了一切惊险与不惊险，我们还要继续错过。

但是，请允许我说这样自私的话，

多年后，

你若未娶，

我若未嫁，

那，

我们就再在一起。

——几米

　　一位男性朋友，某一天便跟我说，他终于在离婚之后才发现，原来马桶是需要经常刷洗的。原来照顾一对子女，竟然要花费如此多的心力，而且要失去自由！我问他："你前妻现在过得好吗？"

他说："她在离开我之后，嫁给了一个老外，过得很幸福。"我接着又问："她没回来看过孩子们吗？"他很平静地说："没有。"

"她不爱小孩吗？自己亲生的哦！"我不解。这位朋友便开始喝着酒，对我娓娓道来，他与前妻之间的种种。

妻子是个很不错的女人，虽然婚前爱玩，但是婚后一改从前，过着非常居家的生活。

第一个孩子出生后，他因为忙于事业，经常早出晚归，说是为了生意交际应酬。妻子体谅男人在外工作的辛劳，没有任何怨言。

第二个孩子出生了，他仍经常晚归，甚至在外过夜。妻子总是希望他能够多一些时间陪陪孩子，而他却总是以事业为借口，依然我行我素。婆婆是个保守且具有传统思想的女人，婆婆总是认为儿子的种种行为，皆是因为妻子不好的缘故，于是便对妻子十分地冷淡。

结婚八年，妻子终于对他下达最后通牒。妻子对他说："结婚八年了，你为这个家付出了什么？为我做了些什么？"他便醉醺醺地说："我每天辛苦赚钱给你们，为了生活打拼，这些还不够吗？"

妻子说："你认为这样就够了吗？一个女人要的就只是这些吗？"

他十分不满地说："不然，你还要什么？让你不愁吃穿，生活无忧，天天待在家里，想做什么就做什么！有几个女人比你过得好?"

妻子痛心地说："结婚这些年来，你根本看不到我的付出，看不到我的苦。你不知道为何孩子在忽然间长大懂事，你把一切看成是那么地自然。"

他不满地表示："我没付出？没照顾你？给你钱花的是谁？孩子会长大不是我辛苦赚钱抚养的吗!"妻子漠然无语，她知道这一刻该觉醒了。

终于，她提出离婚，无条件的离婚，不要小孩不要钱，只想离开这个浪费她生命的男人，让她不快乐的男人。

故事说到这里，我这位男性朋友低着头不说话了。我想是他喝太多了吧？拍了拍他的背……

"你知道吗？从离婚后，我一直想为孩子及自己，找个可以代替他母亲的人。但是，我喜欢的，孩子都不喜欢。"

我问他："是不是孩子第一眼不喜欢的，你就不要了?"他点点头……

他开始自言自语了，"我到现在才知道，原来孩子不会自己长大，我母亲其实是很不可理喻的；原来家事是如此繁重，原来带着两个小孩根本哪里也去不得，原来马桶会那么干净是有原因的。"

他开始痛哭……我则陷入沉思中。我知道有些男人是永远学不会去爱一个女人的，

有些男人需要女人，只是因为他们缺乏一个保姆，只是缺

乏一个菲佣，或者是需要一个传宗接代的工具。

　　我的那位男性朋友一直不明白，原来马桶是需要清洗的。到后来自己蹲在厕所洗马桶时，才发现有一个女人曾经对他如此重要……

台风中的一碗米线

经历之后，才会懂得，真正的爱情不是海誓山盟，风花雪月，而是我和你，在一起，没有大风大浪，只有平凡相依；经历之后，才会懂得，在你得意时受到的鲜花和掌声都是缥缈的，在你失落时挺身而出的人才是知交，雪中送炭远比锦上添花更可贵。

他和她是这个繁华都市里的一对平凡男女。当初为了在一起，他们放弃了父母在家乡为他们找好的工作，不顾父母的反对，来到了这座南方城市，并悄悄结了婚。

现在，三年过去了，他们住在租来的屋子里，平淡地生活着。她是一家小公司的业务员，常常奔波在外，工作繁忙；他是小学的外聘老师，工作和别人一样，工资却不及别人的一半。几年来，他们的生活几乎没什么变化，家乡的同学却陆续买房、买车，消息传来，她心里像刮过一场不大不小的台风，她不由自主会想，如果当初留在小城，现在会怎样呢？

这天，电台预告挂起三号风球，她照例早早上班去，而他在的学校不用上课，到学校转了一下他就回了家。刚回到家，他就接到她的电话，说中午回家拿点东西，在家吃饭。他很高兴，因为她平常应酬多，两人一起吃饭的机会寥寥可数。做什么好呢？他想起了云南米线，那是她最爱吃的。大学时他俩常到学校外边的小店吃，三块钱一大碗，有肉有菜，加五毛钱还可以添一碗纯米线。他们就一碗米线，头碰头吃得满头大汗，脸上的青春和甜蜜羡煞旁人。

接到电话后他立即下楼去买材料。这时，台风已经在发威了，呼呼作响，把树吹得东摇西晃的。准备妥当后，他看看表，决定去车站接她。他了解她，别说是刮台风，就算是下冰雹，她也不会舍得打的的。这时候，雨已经下得很大了，他刚打起伞，伞面就立刻被风吹的翻过去，他索性收起伞跑了起来。刚到车站，接到她的短信，说车堵在路上，看情形没时间吃饭了，要他把东西拿到车站。

即使是看信息，他也可以感觉到她的烦躁。近来，她经常这样，无端地发脾气，就像诡秘的台风一样突然降临，让人不知所措。

是的，她的确很烦，刚才顶着狂风艰难打伞前行，好不容易挤上公共汽车，却发现新买的鞋子不知被谁踩了两脚。车上到处是湿漉漉的人和伞，挤得她无处藏身，偏偏还堵车，长长的车龙看不到尽头，车子比赛似的发出刺耳的鸣叫声。她想到目前的生活，仿佛正像这车龙，看不到未来和方向；还有那引以为傲的爱情，是不是也如路边高傲的树一样，被现实的风雨打的七零八落了呢？她忍不住再一次怀疑起爱情，怀疑的那么强烈。

她气急败坏地下了车，一抬头，却看到了笑意盈盈的他。他整个人湿透了，手上拎着一个密封的大袋子。看到她，他麻利地一一打开袋子，里面是一个保温瓶和一个密封的小袋，小袋里装着的是密封的资料。打开保温瓶，一股热气升了起来，香气也弥漫开来，是她最爱吃的米线。她愣住了。风依然在肆虐，雨仍然在泼洒，周围闹哄哄的满是人声。可是，这一切对于她来讲都像是凝滞了似的，都不存在了。她眼里、心上，只剩了他和那一碗米线。

就这样，在呼呼的台风中，在简陋的公交车亭里，他们再一次头碰头吃同一碗米线。热气打湿了她的脸，没人看见，一滴豆大的泪从她的脸上滚了下来，掉在热气腾腾的米线上。

这场名叫"珍珠"的台风徘徊了近 10 个小时后奇迹般转弯离开了，使这个城市幸免于难。可是却没人知道，这个城市里的一个平凡的女子，因为一场台风，因一碗米线而重新找回了她的爱情。不，其实爱情从来没有离开过她，只是这一次，她真正认识到，平凡人的真爱，往往就在这不起眼的地方！比如说，台风中一碗热腾腾的米线，就足以让两个相爱的人温暖一生。

只为给你一生的温暖

对于世界，你是一个人，

而对于某人，你是他的整个世界。

岁月的路口，花谢花开春去秋来。

就这样默默地守候，

没有动人的语言，没有甜蜜的浪漫，

静静地牵着你的手走过似水流年。

她并非凡俗女子，相反，相当优秀，追求者云集。但她，排开众人，毅然跟了他。

当时，他一无所有，在一家工厂打工，收入不够解决两人温饱。为了他，她失去亲人，丢了工作。

他们借了一间朋友的仓库，简单收拾后，作为卧室。寒冷的仓库犹如一口冰窖，没一床温暖的被褥裹体，她常常在半夜里被冻醒。他紧紧地抱住她，尽量把她贴在自己胸口，用自己的体温去温暖她。

一天，她从外面回来，神色恍惚，脸色苍白。他问："怎么啦，是不是病了？"她说："没事，就是有点累。"之后立刻兴奋地从口袋里掏出一张红色大钞，在他眼前晃了晃，亢奋地说：

"我们有钱了，去买一床温暖的棉被。""哪来的钱？""赚的。"他说："怎么赚的？如此容易。""给人发广告，一张一张地发，从早上站到现在，赚了100元小费。"两人去街上买了一床棉被，经不起挑选，按着100元钱的价格买。从此，严寒的冬日，有了一床棉被，她不再半夜被冻醒。

几年后，他慢慢好转，有钱了，自己开了公司，不久买了房子和车。他们告别了当初饥寒交迫的日子。家里的装修，极其讲究，地砖墙纸都是进口货，连水龙头都是最高档的。他要给她一个最温暖的家。住在这样的环境里，她有些彷徨。搬家时，原来仓库里的东西全扔弃了，而她坚持留着那床棉被，几年来，他们一直用着，已经破了好几处。他说："扔了吧，再去买一床新的。到处都是高雅的东西，摆了这个，碍眼。"她说："不扔，这床棉被陪我们走过多少个严寒冬日，盖在身上，总那么温暖。"他摇摇头，不再坚持。

一天，他从外面回来，手里提着一床新棉被，要求她扔了旧的，换上新的。她没有办法，只能听从。从此，退下旧的，换上新的。每天晚上，她不像往常睡得安逸舒坦，心里掠过一丝疼痛，常常在深夜，委屈的眼泪不知不觉沾湿枕头。她在心里说："你知道这床棉被经过多少努力才买来的吗？那天，我根本没去发什么小广告，而去卖血了！第一次卖血，竟然是为了买一床棉被！这床棉被对我有多重要！而你，当成垃圾扔掉。"她觉得他不像以前那么爱她了，虽然盖着新的棉被，但没了以前的温暖。

一次，他去洗手间，忘了关手提电脑。她无意中发现，他开了个人博客，每天坚持写日记。在一篇日记中，他说："那天，她从外面进来，苍白的脸，吓了我一跳。为了赚够买一床棉被的钱，她竟然给人发小广告。那天晚上，我们睡在新的棉被下面，多么温暖，她从没睡得那么安稳。无意中，我发现，她胳膊上有一块红肿，原来是针眼。发广告其实是她委婉的谎言，她跑去卖血了。这床棉被其实是她拿血换来的！她的身体那么单薄！那晚，我暗自哭了一夜，我发誓，一定要出人头地，给她幸福。经过这几年的努力，我终于做到了。昨天，我也去血站，叫他们抽了血，我只想感受一下，那细小的针头扎进血管时，那冰冷的疼痛，让我猝不及防，然而，又是那么幸福。我拿着钱，去买了这床棉被。"

她的眼睛早已模糊，原来，他的心如他对她的爱一样，那么细腻。寒冷的冬日，他送她一床温暖的棉被，连着带来了整个温暖的春天。

是谁拉开了心与心的距离

是谁拉开了我们心与心的距离？是谁给我们的爱留下了缝隙？是岁月？是越来越
富足无忧的生活？还是我们日益寡淡的内心？或许不是床、车或者电脑的问题，婚姻
里，有些事是一定要一起做的，有些距离是不能拉开的。爱就是相互纠缠、依赖，亲
密无间。

刚刚结婚时，他们收入都不高，过着十分清贫的日子。在
一间租来的小屋中，仅仅只有 10 平米的小空间，被一个简单的
衣柜隔开，前面只是煤炉案板组成的临时的厨房，后面则是一
桌一床，算是他们甜蜜的小卧室。

床是硬板床，因为空间太小，所以只有一米宽。一个人睡
都不太宽绰，两个人睡在一起，几乎翻不了身。每一天晚上，她
都会像只小猫一样蜷缩在他的怀中，贴着他宽阔的胸膛，感受
着他热烈的心跳，呼吸着他温暖的气息，她觉得满屋子都飘着
幸福的味道。而他则总是紧紧地抱着他，像要把她的骨头揉碎
了一般，是无尽的呵护与疼惜。

那样的夜晚，她经常做甜蜜的梦，就像春天里的花儿，绽
放着灿烂的娇颜。他说，等将来我有了钱，一定给你买大房子。
她还兴奋地说：我们把每个房间都放上大而柔软的床，想睡在

哪儿就睡哪儿，想怎么睡就怎么睡……

就在刚刚结婚的时候，他们俩共用一台电脑。他要炒股票，她要写稿。两人总是会争着用电脑，他的股票该卖了，编辑催她的稿子了。他们俩经常挤在一起，将屏幕的窗口各缩小一半，再各自错开。一个人看股票行情，另一个人则在文档上打字。他的股票涨了，她就跟着欢呼雀跃；她写出动情的文字，他也会跟着击掌赞赏。在空闲的时候，他们俩就共同在电脑上玩游戏，头挨头，手握手，齐心协力地对付看不见的对手，或者会从电脑上面下载大片，她就安静地靠在他的怀中，看得泪眼婆娑。

刚结婚时，因为经济条件不好，他们共骑一辆自行车。尽管两人的单位在一南一北，但他却仍旧坚持每天早晨骑车先送她上班。然后再穿过大半个城市去自己的单位上班。晚上下班之后，他们就会重复同样的路线，去接她回来。虽然要绕极远的路，但对于相爱的他们来说，所有的距离都是美景。街头的蛋糕店中有她最喜爱的芝士蛋糕，路南的农贸市场门口有他喜欢的糖炒栗子，街心花园是他们经常逗留的地方，他们经常傻傻呆呆地看着情侣手拉手散步，老人慢悠悠地打太极……他在前面慢慢地骑着，而她在后面会揽着他的腰，忽然也会翘起双腿，自行车清脆的铃声一路叮叮当当地响过，仿佛是幸福在唱歌。

到后来，他们的收入高了，终于有了属于自己的大房子，在房间中放着两米宽的大床——宽阔舒展的大床，可以随心所欲地翻身。每天晚上，他们一人一床被子，各自守着属于自己的城池。有时候，她很想靠着他的胳膊撒撒娇，而他却会毫不留情地推开她，埋怨道："你已经压得我喘不过气来了，如此宽的床怎么还不够你睡啊?”而她却只好悻悻地挪到自己的那半边,床中间空出一大片来,仿佛是无法逾越的天堑。

到后来,他的事业越做越大,经济条件好了之后,就马上买了一台笔记本电脑。新的电脑就放在卧室中,两人一个在书房中,一个却在卧室中。他可以随心所欲地玩游戏、看股票,而她则可以自由地写白天未完成的稿子、逛网店,没有争执,没有嬉闹,相互间也没有任何的抱怨。她闲下来的时候,很想找他一起分享快乐,而得到的却只是冰冷冷的一个背影或者是 QQ 上一句短促的“我要处理很多事情呢”。两人虽然同在一个房子中,但是她感觉到从一个房间到另一个房间的距离真是太过遥远了。

后来,他的事业蒸蒸日上,就买了车。但是他实在是太忙碌了,再也没有时间去接她上下班了。突然有一天下了大雨,她下班后没打到车,回到家后淋成了落汤鸡。她对他抱怨,而他却只是轻描淡写地说:“我没有时间去接你,不然,明天你自己去挑一辆车吧,这样彼此都方便一些!”她顿时无言,想起了当年在自行车上的美好时光,泪流满面。

水莲花

有时候，等一个人，

等得太久了，

会忘记他的模样，

甚至姓名。

有时候，

等一朵莲开，

等得太久，

会让分明的四季，

变得模糊不清。

可是莲荷，

在每年夏天终究要应约而来，

但有些人，

任你耗费一生的时光，

也等不到。

她成长的每一个枝丫间，都有他深情的凝望

寂寞如水一样地流过心窗，

几枚清愁的文字落在纸上，

缠绵的字迹可否换来与你的执手终老？

若没有你的牵绊我的今生便无法幸福。

一把只有你能打开的心锁，

一任月光清冷了它的寂寥，

一纸豆蔻年华，

竟禁不住几次回眸。

那年，她才刚刚 20 岁，像春天枝头上新绽的桃花，鲜嫩而饱满。她自小学戏，在剧团里唱花旦，嗓音清亮，扮相俊俏，把《西厢记》里的小红娘演得惟妙惟肖。他 32 岁，和她同在一个剧团，是台柱子，演武生，一根银枪，舞得虎虎生风。

台上，他们是霸王和虞姬；台下，她叫他老师，他教她手眼身法步，唱念做打功，一板一眼，绝不含糊。她悄悄拿了他的戏装练功服，在乍暖还寒的春风里练得满头大汗。她年轻的心，轻舞飞扬。

知道他是有家有室的人，她还是爱了。就像台上越敲越紧

的锣鼓，她的心在鼓点中辗转、起落、徘徊、挣扎，终究还是像失陷的城池一样，一寸一寸地陷落下去。台上，当她的霸王在四面楚歌的绝境中欲突围时，她一手拉着头上的野鸡翎，一手提着宝剑，凄婉地唱："君王意气尽，贱妾何聊生……"双目落泪，提剑自刎……

她想，爱一个人就是这样的吧，他生，她亦欢亦歌；他死，她绝不独生。

这份缠绵的心思，他不是不懂，可是他不能接受，因为他有家有妻儿。面对她如花的青春，他无法许给她一个未来。他躲她，避她，冷落她，不再和她同台演出。她为他精心织就的毛衣，也被他婉言拒绝，但风言风语还是渐起。在那个不大的县城，暧昧的新闻比瘟疫流传得还快。她的父亲是个古板的老头，当即就把她从剧团拉回来，关进小屋，房门紧锁。

黄铜重锁，却难锁一颗痴情的心。那夜，她跳窗翻墙逃到他的宿舍，热切地扑进他的怀里，对他说，我们私奔。

私奔也要两情相悦，可他们不是。他冷冷地推开她，拂袖而去，只留下两个字：胡闹。

那一夜，以及那之后的很多夜，她都辗转难眠。半个月后，她重回剧团，才知道事业正如日中天的他已经辞职，携妻带子，迁移南下。

此后便是杳无音讯，她的心成了一座空城。她知道，这份爱，从头到尾，其实都是她一个人的独角戏，可是她入戏太深，醒不过来了。

15 年过去了，人到中年的她，已是有名的艺术家。她还有一个幸福和睦的家，夫贤子孝。她塑造了很多经典的舞台形象，却再也没有演过虞姬。因为她的霸王，已经不在了。

那一年元宵节，她跟随剧团巡回演出。在一个小镇上，她连演五场，掌声雷动。舞台，掌声，鲜花，欢呼，都是她熟悉的场景。可分明又有什么不一样，似乎有一双眼睛，长久炽热地追随着她，如燎原的火焰。待她去寻找时，又没入人群不见了。谢幕后，在后台卸妆的她，收到一纸短笺，上面潦草地写着一行大字：15 年注视的目光，从未停息。

她猛然就怔住了，15 年的情愫在心中翻江倒海。是的，是他。她追出来，空荡荡的观众席上寂静无人，她倚着台柱，潸然泪下。

15 年来盘桓在心中的对他的积怨，在刹那间冰消雪融。

是的，他一直都是爱她的。只是他清楚，那时的她是春天里风华正茂的树，这爱是她挺拔的树身上一枝斜出的杈，若不狠心砍下，只会毁了她。所以，他必须离开。如今，她是伸入云霄的钻天杨，而她成长的每一个枝丫间，都有他深情注视的目光。

那遥远的守望，才是生命中最美的注视。

画一方禁地，囚你于无期

> 这世上，不是只有烈酒才能醉人，不是只有热恋才会刻骨，有时候，一份清淡，更能历久弥香；一种无意，更能魂牵梦萦；一段简约，更可以维系一生。

她和他结婚时，所有人都为她担忧。因为他没钱，买不起房子。只有她不怕，两人租了一间狭窄的小屋，结婚后，他们用心地工作，准备贷款买房子，再供孩子上学。她不怕苦，因为她爱他。她认为，能和他在一起吃苦也是一种幸福。

他在一家小公司上班，薪水微薄。她所在的企业也不是什么大企业。于是，结婚后，他们并不能如愿以偿地在一年内存到计划数目的钱，甚至想去旅游一次都无法实现。他们过着勤俭的生活，买最便宜的东西，走路上下班。两年后，他们终于有了一点积蓄，向银行贷了款，按揭了一套不大的房子，但是贷款额却高得吓人，他们算了算，拼死拼活 30 年都还不上。

他问她，30 年，你怕吗？她微笑着说，不怕，一辈子都不怕。有了孩子后，她更累了，既要努力地工作，又要照顾孩子、做家务。他们过着紧巴巴的日子，她甚至没有买过好看的衣服，化妆品也省了。他则在她的劝说下戒了烟和酒。

不幸的是，他在 30 岁那年患了一次大病，住院和手术的费用几乎花光了这个小家几年的积蓄。孩子上学都成了问题。她没哭，他却躺在床上号啕大哭，吵着说不活了。出院后，他的情绪异常低落，当初信誓旦旦地说要给她幸福，如今幸福在哪里呢？

于是，有一天，吃晚饭时，他向她提出了离婚。要知道，生活就像一座大山，而他只是一只蚂蚁，一只蚂蚁要推开一座山，谈何容易啊。

她听后，没做声，只是拉他离开餐桌，用手中的筷子以他为中心，在家里画了一个大大的圆，说，从此以后，你这辈子就被囚禁在这里，不要再想着离开。

看到她认真的样子，他泪流满面。

生活的重担把他压垮了。他开始酗酒赌博，疯狂地买彩票，不务正业。当他喝得烂醉如泥回家时，她哭了。她不怕贫穷，但是害怕他失去了斗志。他赌博成瘾后，便被单位炒了鱿鱼。至此，他更是陷入了深深的绝望，喝醉酒后，便从大桥上跳了下去。

他没死，被人救上了岸。只是，他开始偷窃，偷街上的自行车、摩托车，甚至偷下水道的盖子。最后，他偷起了小轿车。他是在偷第一辆小轿车时被逮住的，被送到公安局里，她才知道。她没哭，只要抱着孩子愣愣地看着他。他被判了 3 年，赔偿 6 万元。她带着孩子去看他，说，我替你赔吧，出来后，好好做人。

她转身走的那一刻，他哭了，像孩子般哇哇大哭。

她四处借钱，替他还了债。之后，她白天到公司上班，晚上，在街口摆了个小摊，卖烧烤。3 年如一日，她没让孩子饿着，没有掉一滴眼泪。反而，她的脸上渐渐笑容多了。因为她能按月还上银行的贷款，没有拖欠，而且没让孩子失学。仅这点，她就觉得是幸福了。

3 年后，他出狱了。他看着她，泪水又大颗大颗地往下坠。她老了，很老，头发白了许多，脸上也布满了皱纹。她却在他的怀里笑着，她知道，他醒悟了。果然，他真的开始勤奋工作。由于有前科，没有公司愿意聘用他，他就借了钱，开了一个小餐馆，卖早点。

最后，她也辞了职，帮他料理餐馆。他们自己把餐馆装修了一番，小小的餐馆整洁温馨，立刻变得"高档"起来。后来他们又卖起了特色小吃。由于环境好，东西好吃，小餐馆的生意开始红火。开餐馆虽然辛苦，但他和她都咬紧了牙，早早地开门，很晚才关门。后来，他又找了合作伙伴，生意越做越好。

几年中，他们虽然赔了不少，但日子渐渐地好起来。后来，他们用了 10 年的时间还清了房贷，还买了一辆中档轿车，他们的孩子也考上了一所不错的大学。再后来，他们经常去旅游，以前不能实现的愿望都一一实现了。

同学聚会上，他们成了焦点。当有人问起他的时候，他说："我们之所以能从艰难中一步步走到今天，完全是因为我的妻子，她在我放弃拼搏的时候没有放弃，而且一直用行动鼓励着我。她让我懂得，婚姻是熬出来的，日子得一天天地过，只要用心，总有一天会看到幸福的生活。"

是的，幸福是熬出来的。只要不放弃，耐心去编织，每个人都会拥有一份甜蜜的婚姻。

往菜里多放一把盐

幸福是一杯水，

透明却没有味道。

在你最需要的时候，

她却比蜜还好。

幸福是一首老歌，

简单却意味深长。

在你风烛残年的时候，

她却在你的心头涌动。

也许爱不是热烈，不是怀念，而是岁月，年深月久便成了生活中不可分割的一部分。

男人有了外遇，男人感觉对不起女人，每次回到家，就像个做错事的孩子，抢着做家务。以前，男人是不做家务的，什么家务都是女人的。现在不同了，既然做错了事，就要想办法弥补自己的过错，男人就主动去做饭。这让女人吃惊不小，以前男人也做饭，那是他们刚结婚的时候。结婚以后不久，男人就不再做饭了。这些活女人全揽了。男人就说，很久没下厨房了，想找回以前的感觉。

男人还是依旧和他的情人约会，情人是男人单位的一个女孩。刚开始，女孩子没有想和男人结婚的意思，只是为了寻找点激情。有时候爱情就像趟水，**越趟水越深**，慢慢地女孩感觉趟进深水了，女孩就有了想和男人结婚的打算。女孩说我们结婚吧！男人吃惊不小，男人知道，结婚可不是一件简单的事情，要和女孩结婚，就要和妻子离婚。妻子对他太好了，也没做什么对不起自己的事，所以，男人很为难。

女孩认为只要能够达到目的，可以不择手段。女孩就给男人出点子，什么先写个情书放入男人口袋，让女人洗衣服的时候发现，让女人和男人争吵，让女人先提出来离婚，但结果出乎了他们的预料，女人根本不看男人的东西，拿出来就放桌上了。

接下来，他们又想出了很多点子，但都不见效。

点子还是男人自己想出来的：折磨女人，男人折磨女人的办法其实很简单，就是做饭的时候，往菜里多加一把盐，看女人怎么吃下去，这样女人就会和自己争吵，只要一吵架就好办了，离婚往往都是从吵架开始的。这天做饭，男人真的往菜里多加了一大把盐，但结果女人吃得很平静，也没抱怨什么。男人忍不住了，就问：我做菜好吃吗？女人点了点头。男人很尴尬地笑了笑。

这个办法又失败了，男人多次都故意往菜里多加盐，但女人总是很平静地吃下去，当然男人自己不吃，他借口说在外面吃饱了或者不喜欢吃那道菜。

这天男人突发奇想，何不去捉弄一下自己的情人，逗她玩玩。男人就把菜装进饭盒拿单位去。

第二天，中午吃饭的时候，男人把菜放到女孩面前说，我给你炒了个菜。女孩子就拿起筷子先尝了一口，突然气愤地把菜吐了出来，大声责问男人，你什么意思？你想干什么？这是人吃的菜吗？你自己吃，你给我吃下去，看你怎么吃！

男人说，怎么了怎么了。吃就吃。男人把菜夹起来，尝了尝，好咸啊！像海水一样，男人想吐出来。

女孩子说，你给我全都吃下去，你不吃不是男人。男人气得站起来，大叫一声，你给我滚！这个时候，男人突然想到了女人，想到了女人吃饭的情景，心想女人一定很委屈，她是把苦放心里，不愿意说。

这天晚上，男人回到家，为女人做了几道她最喜欢吃的菜，放盐时，男人都亲自尝了，不咸不淡正好。吃饭的时候，男人问女人，今天的饭菜还合口吧？女人就笑了笑。男人却哭了，说以后我天天给你做最合口的饭！

日记本里散发出来的幸福

在一个桔色的黄昏，

宁静坐满台阶。

我能唠叨些什么亲爱的，

你所烹调的夜晚，

就安坐在温热的火炉上，

微黄的灯光蒸发食物的香气。

我在清晰的灯影里拍落倦意的尘灰，

用力吸一口生活的味道，

亲爱的，幸福生活就是一杯热茶，

加一个微笑，

外加一盏弥漫着食物清香的灯光。

半夜，醒来，感觉老公紧抱着我，窃喜！心想：这家伙平时挺酷的，没想到睡觉时一不小心就露馅了。于是感动不已，正准备好好享受他的拥抱时，听见他迷迷糊糊说道："老婆！好冷！"当时恨不得把他踢下床去。

某日和老公一起看电视，电视中女演员正跳芭蕾，老公对我说："老婆，你也很适合跳芭蕾。"窃喜！心想：老公一定觉得我身材不错。可是我想让他表扬的直接点，于是沉住气继续问他："你为什么说我适合跳芭蕾呀？"老公一本正经并用很专业的语气说道："跳芭蕾的人胸都不能太大的。"我差点没从椅子上滚下来。

一周末起床后，和老公说到最近的开销问题，觉得我们时常乱花钱，这样下去可不好，于是决定改掉乱花钱的毛病。晚上老公陪我逛超市，我看到我爱吃的沙琪玛，可是不知道要买哪个牌子，于是随便拿一种，标价为4块8，正准备伸手拿时听见老公在一旁不停地叫道："4块6的，4块6的。"我听到后顿时笑得直不起腰，看来他是对我们的省钱计划认真了。

一天早上，我休息，老公上班，我送老公到电梯口，电梯门开，我转身准备回家，听见背后老公叫我，转身一看，只见老公站在电梯口前一脚站立一脚翘起拦住电梯门，探着身顽皮地对我说："老婆里面没人呀，亲一下！"我又好气又好笑！

一次，我一边照镜子梳头一边对老公说："你说要是我的老公每天下班回来做饭洗衣，然后我什么都不用做，只要上班，那多好呀。"老公走到我旁边，不停地摇我，说道："老婆，醒醒，醒醒，时间不早了。"我彻底被我老公打败了。

我和老公喜欢一起看影碟，但是每当要换片子的时候就很痛苦，特别是冬天，不想从被窝里出来。于是，每次画面一停止的时候我就马上侧头装睡，还发出鼾声；老公见状，只能自己下床去换。一等到碟片进仓，我立马醒来，装成睡眼惺忪的样子说：怎么了，怎么了，发生了什么事？要换碟片么？我来，我来，我来好了。老公说我太坏了。隔几日，我已经忘了这个事情，到换碟片的时候我刚想叫他，可是他已经侧头而睡，之后自然是如法炮制，我洗碗后顺便把不锈钢的锅了刷了，很卖力地刷，终于刷得比刚买回来的时候还亮。于是等老公站在阳台的凳子上晾衣服的时候，我兴冲冲地举着锅过去给他看。他对着锅，头偏来偏去仔细地看，就是不夸我。正待问他时，他用手若无其事地捋一下头发："嗯，这个小伙子还是挺帅……"

开始的时候我老婆说她不会做饭。我说："不会吧，我都会做。"结果，现在我做！哈哈。

下班的时候他去接我，我嚷着要买香蕉。到地方发现公司的两个女孩也在买。我与她们很熟，而他一点也不见外。我跟她们叫道："太好了！我不用买了吧？"那女孩便很慷慨地把一兜香蕉都递给我："随便拿！"我只掰了一根，那女孩说："多拿点！客气什么呀你！"他也跟着说："拿两根拿两根！"同事微一怔也赶紧附和他说："多拿点多拿点！"他说不不，两根就够了。我又掰下一个，正诧异他怎么可以这样丢我的脸，他却把网兜递给我，然后拿着那两根香蕉递给同事，认真地说："谢谢啊！"第二天上班到中午了大家一想起来还狂笑……

老公很喜欢在家里藏起来让我找他，可是房子太小了，每次我都很轻易地找到他。一次睡觉前他去关灯（灯的开关离床有一定距离），关了之后就见他迅速蹲在地上，我虽然看得清清楚楚（夜视视力很好哦），却闷声不响。只见他蹲了一会儿，又匍匐向床边爬过来，我忍住不笑，等他小心翼翼费力地爬到床边，探出头来，我猛地扑过去，吓得他！哈哈，狂笑！

在老公眼里，我是个著名的近视眼，低 IQ。不过有时，他也会上我的当。前天上街，在一热闹的商场门口我俩走散了，不过我回头就发现了他，见他正紧张地向后面张望。我走到他的背后，大喊他的名字，他猛地回头，我装做没见到他，还是大喊，还做出很害怕、很着急的样子，他开心地笑着抱住我，说"哎呀，笨笨！"哎呀，甜蜜死了！

又想起来一个：昨天晚上吃过饭后和老公在院子里散步，突然看见路上有一只蟑螂，我大叫"老公，踩，踩，踩死它！"然后自己也伸脚准备去踩，老公说"哎呀，是小强，放过它吧。"让我觉得自己好像很残忍，持没爱心。

老公坐班车回家，路上堵车，给我发短信让我绕道回家。我给他回短信说，堵车你就在车上睡会儿觉吧。他回：不！要是梦见你多吓人！

有一天跟老公讨论那个所有人都会讨论的傻话题"下一辈子做男人还是女人"，我想了半天说："我下一辈子要做男人，让你做女人来伺候我！"老公扭脸看了我一眼说："上一辈子你也是这样说的。"……

昨天和老公在家打老鼠，老公很英勇，踩死了老鼠。我大赞他神勇，他却很哀怆地说："哎，我想起了小时候看的《舒克和贝塔》，心里好难受啊！"

我第一次给老公做饭，自己手艺实在不精，做出来的菜色香味都不沾边，老公好可爱地一边埋头苦吃，一边安慰偶说，老婆没关系，给我温饱就可以了，我不要求奔小康。

亲爱的，你怎么不在我身边

爱情就是人生的一场戏，主角是你，主角是我，哪怕是一千次的倾情演绎的结局，只是"我爱你"，或者"你爱我"，这足以承载我们一千年美好的爱情。

我给他发了条短消息：如果家里穷困潦倒到只有一碗稀饭面对着我们两人，你会把稀饭里的米给我吃吗？

他回消息：这还用说吗？但是我认为一个真正爱你的人，就不应该让自己心爱的女人过如此的生活。

我回消息：可有一个人的回答是这样！他说，不！我会把整碗的米连同稀粥都给你喝。

他回消息：那么连一碗稀粥也没有，那个男人会怎么做呢?！或者有没有想到那一碗稀饭女孩吃了是不是还肚子饿呢？

这短信尽管令人感动，但我仍旧认为，他应该像那个男孩那样回答：不！我会把米和粥都给你喝！这才是真正完美、标准、唯一的答案。因为他没按我的意思回答，我们就背对着背睡了一夜。

上天有时总是有些不尽人意。

后来，我和他终于走到了一起。

后来，我和他走到一起的时候，由于种种原因，我们真的遇上了类似于只有一碗饭的日子。那天，他悄悄地给我留言：亲爱的，我吃过了，桌上给你留了碗稀饭，你把它喝完。

我喝完稀饭的那晚，小憩一会儿的时候，他从外面回来，给我带回来我最喜欢吃的羊肉串、水果和奶茶。他说他找了个临时工作，刚挣的钱，老板答应先付一部分工资。说完还拿出口袋里的钱在我面前晃了晃。他说，你慢慢吃，我已经在外面吃过了。说完还做了个调皮的鬼脸。在最困难的那段日子，我依旧快乐地幸福着，他好像由于工作劳累，身体有些不适。

我喜欢看电视，看到电视中报道多年前在一场大地震中，一位母亲和孩子被压在废墟下，母亲的奶水被孩子吃尽时，母亲咬开了自己手上的血管，用自己的鲜血喂孩子，数天后，人们终于扒出废墟下的母子，母亲已经血流殆尽离开了人世，嘴角上粘着母亲鲜血的孩子带着天真的笑容，红嘟嘟的鲜艳小脸蛋上洋溢着快乐。

我窝在沙发上，一边抹眼泪一边问他：如果我们俩压在废墟下，你会像那位母亲那样用你的血液使我活下来吗？他有些激动，说你不要老是有这样的怪念头好吗？你是我的女人，我会尽我所能让你幸福，在你的生命和安全受到威胁的时候，我会不顾一切地保护好你。你是我的最爱，我也不允许你把种种不好的推测用到你身上！

周末，一个阳光明媚的上午，他挽着我的手，兴冲冲地逛了一个上午，买了好多我喜欢吃的零食和喜欢的衣服走在回家的路上。两个幸福的小人儿，再穿过一个路口，就能到达我们共同构筑的爱情小巢——那是幸福的小天堂。

他一手挽着我，一手拎着买来的东西，他在前，我在后，两人走在斑马线上，就要穿过马路了，突然一辆右转弯车辆，直直地向我疾速驶来。眨眼的工夫，汽车就要撞到我了。我只听到后面紧跟着的一辆汽车紧急刹车的声音。一切都来得那么突然，被撞者轻飘飘地飞出两米开外。等我回过神来时，路面上是一片刺眼的鲜红。我明白，汽车本是撞向我的，在常人来不及反应的一刹那的零点几秒钟里，他却神奇地把我推开了，自己倒在血泊里。

我感觉自己的世界已经彻底崩溃，哭喊着使劲地叫他的名字。围观的人说他已经没有呼吸了。我不信，继续呼喊着他的名字，他竟然奇迹般地睁开了眼睛，看了我一眼，带着十分安详的微笑，永远地闭上了眼睛。我明白，他在生命的最尽头还在苦苦地挣扎，拼尽最后一丝气力看到自己心爱的小女人无恙才安然离开。

那是个多雨的季节，到处充满了潮湿，雨水把天地连成雾蒙蒙一片。

两个人构筑的爱情小巢，现在只剩下一个人——再也无法安睡。

我睡觉前，早已习惯了，有他给我唱着歌讲着故事入睡；

我睡觉时，喜欢踹被子，他总是在每一次我踹掉被子时及时地醒来给我重新盖好；

我喜欢吃零食，他每次从外面回到家里总能给我这个小馋
猫带来惊喜，安慰我的小肚肚；

我现在有太多的不习惯，也只能学着慢慢地把不习惯变成
习惯。

我在整理他的遗物时发现了一个献血证，上面写着他的名
字。奇怪的是我从来不知道，他在一个月连续献了三次血，上
面献血的日期更让我震惊，我清楚地记得，永远也忘不了那段
我们最艰苦的日子。我明白了那段日子他的身体为何那么虚弱，
明白了他说的"预付工资"的含义。我又发现了一份报纸，意外
地发现那场大地震时，那位伟大的母亲就是他的母亲，那个幸
运获得生命的孩子就是他，而他又把这份幸运给了我。

我顿时泪水涟涟……
我写了一首歌，叫作《亲爱的，你怎么不在我身边》
亲爱的，你怎么不在我身边？
我已经为你销得人都憔悴丧失了语言。
亲爱的，你怎么不在我身边？
我已经等你等到忘记了什么叫作睡眠。
亲爱的，你怎么不在我身边？
我已经因为你不回我的消息泪水涟涟。
亲爱的，你怎么不在我身边……

山茶花

我这一生大概能活 10 到 15 年，

和你分别是件无比痛苦的事情。

在给我命令时请给我理解的时间，

别对我发脾气，虽然我一定会原谅你的，

你的耐心和理解能让我学得更快。

请好好地对我，

因为世界上最珍惜最需要你的爱心的是我，

别生气太久，也别把我关起来，

因为你有你的生活、你的朋友、你的工作和娱乐，

而我，只有你。

经常和我说说话，虽然我听不懂你的语言，

但我认得你的声音，你是知道的，

在你回家时我是多么高兴，

因为我一直在竖着耳朵等待你的脚步声。

忠实的守望者

台阶之上苦徘徊，

痴候主人极尽哀。

败叶无声堆满地，

残花有泪下枝来。

愚忠之犬望穿眼，

诚挚尤人感予怀。

露宿柳荫情落寞，

风尘已染毵毛衰。

1

一个铁路工人每天傍晚结束车上的工作在他居家的小站下车时，他的那只相伴多年的爱犬都会准时风雨无阻地到车站去迎接他，然后亲亲热热地一起回家。

一天，不幸降临，工人在火车上因故身亡。

不明真相的爱犬仍然一如既往地到车站去接主人。它一直站在那里，深夜过去，天空泛白，日头高挂，太阳又落山，仍然不见主人的身影。一天过去了，两天过去了，三天过去了，这只狗仍然一动不动地在站台上等着。

有人给他吃喝，它拒绝，有人想领它走，它没有任何反应，眼睛仍然直直地望着铁道的方向，周围熟悉这只狗的人都知道它是在痴心地等待自己的主人。这只狗后来终于在等待中饿死在了纹丝未动的位置上。它的忠诚感动了车站周围的人，大家就在车站站台上为它造了一个雕像。

这个雕像就坐落在意大利。

2.

某日，在意大利中南部美丽的海滨市安丘，人们看到一只黑褐色的狗，带着似乎找不到回家路的痛苦眼神，孤独悄然地走进了安丘公墓。它沿着墓园长长的小路无声地走着，用鼻子到处闻着。

"谁也不知道它在寻找什么。"墓园的工作人员埃乔先生说，"直到我们看到它卧在了一个新的坟墓前，发出凄惨的、低低的呜咽声，才开始明白了是怎么回事。这是公墓新开辟的一块墓地，新的坟墓前只树了一块小小的大理石墓碑。经过长时间的寻找，这只狗终于找到了埋葬它主人的坟墓。它卧在那里，'呜呜'地哀叫，似乎流出了眼泪。

于是，我们知道了它为什么此前一直在悲伤地呜咽。它在那里纹丝不动地待了好几个小时，直到天黑，才一步一回首地、依依不舍地离开。它走后，我才关上了公墓的大门。"

第二天，狗又来到墓园找它心爱的主人。这次，人们看到它毫不犹豫地朝着第一天发现的那个新坟墓走去。到了坟墓前，它用鼻子闻了闻地面，就卧在了那里，长时间地伤心地呜咽。以后就静静地、一动不动地待上好几个小时。

一个妇女走过来，给了它一碗水，它立即喝光了，它太渴了。女人抚摩着它的身体，它向女人投去感激的目光。但是当女人向它做出跟她走的手势时，它坚决拒绝了。在那一刻，女人看到狗似乎送给了她一个"我不会被诱骗"的眼神。

第三天，人们知道了那个坟墓里埋的是一位退休老人，生前没有亲人，显而易见，这只狗就是他唯一的最后的朋友。

从爱犬找到主人坟墓的那天起，它每天都准时无误地来找他的主人，到了墓碑前，点点头、哈哈腰后，就卧在主人坟墓旁边伤心地呜咽，然后静静地待到直至墓园关门。人们开始认识了这只爱犬，每天都会给它带来足够的吃喝，时不时地心疼地抚摩它几下。后来人们给它起了个名字：奇波（意为"石碑"），因为它这个新家就安在了它心爱的主人的墓碑旁。但是一到夜幕来临，它就会离去，没人知道它到底藏身何处。人们曾经试图跟踪它，但是，奇波都成功地把他们甩掉了。

奇波催人泪下的故事传到所有来安丘公墓悼念亲人的来者的耳朵里，于是当他们来扫墓时，除了给亲人带上一束鲜花外，都忘不了给奇波带些狗罐头和饼干。

有些孩子试图跟奇波一起玩耍，但是，奇波非常忧郁悲伤地拒绝了他们，它只是无言地摇摇尾巴对人们的友好表示感谢。一位家畜专家说，奇波会每天哀念主人至永远。

你有人类的全部美德，却毫无人类的缺陷

埋在这片土地下的遗体，

生前美丽却不虚荣，

强壮却不傲慢，

勇敢却不凶残，

具备人类一切的美德，

却毫无人性的缺陷。

这段话若铭刻在任何一个人的墓碑上，

必为毫无意义的谀词；

然而对波兹旺恩，

一只狗，却是最公正的谢辞。

——拜伦

　　瑞士的阿尔卑斯山麓有个著名的圣伯纳修道院，院长凡蒂斯长老是个很有学问而又善良的人。他毕生从事慈善事业，他驯养了一只身高力大的救生犬，用来救护登山滑雪遇险者。这只救生犬重达八十磅，浑身炭一般黑，起名叫黑獴。

　　大雪封山的季节，常有人在山里遇险。每当凡蒂斯长老接到求救报告，就在黑獴脖子上套上食物袋——里面装有烈酒、香肠、面包等物，并叫它嗅遇险者的衣物，黑獴就跑进深山追

踪人味，直到找着遇险者为止。遇险者看见黑獒后像遇到救星，用烈酒驱寒、擦冻伤，并用香肠和面包充饥，再由黑獒领出深山丛林，走到圣伯纳修道院，如果遇险者走不动了，黑獒带的袋子里有笔和纸，遇险者写上地点，黑獒会带出来，再由救护人员赶到现场。几年来，黑獒已经救出过四十个人，它的名气很大了。

这是一个寒冷的冬天，阿尔卑斯山脉大雪覆盖，业余登山家华生特在一次小型雪崩中失踪了。登山俱乐部主任西蒙拿着华生特进山前脱下的一件衬衫，急匆匆地来向凡蒂斯长老求救，凡蒂斯长老立即找来黑獒，给它喂了三磅牛奶、三磅牛肉，又让它闻了华生特衬衫上的气味。黑獒对这一切都很熟悉，它站在长老面前，由长老亲手挂上救生袋。

黑獒见拴挂停当，就蹲在长老面前，湿润的眼睛盯着它的主人，显得严肃和庄重。长老像给一个敢死队员送行那样吻它，拥抱它，并按宗教仪式，在黑獒的鼻子上划了十字，祝福它出征顺利，一路平安。长老伸出戴着十字金戒指的手，黑獒伸过鼻子吻了一下。最后长老一挥手："孩子，去吧！这是第四十一个！"

黑獒像一道黑色的闪电，很快射入白雪皑皑的阿尔卑斯山区。它像往常一样，对自己的任务充满了信心。这条强悍勇猛的良种狗的祖先是狼，筋肉里有的是力气，血液里有的是搏斗的冲动。它攀爬岩石，腾越山沟，凭着气味信息的引导，很准确地向华生特遇险的地点冲去。

突然，热得伸出舌头排汗的黑獒，猛地打了一个冷战，急忙刹住步子。在前面二十米处的一个雪堆上，蹲着一只威武的雪豹，长长的眉毛上挂着雪花，活像一头中型的老虎，两道饥饿的目光逼着黑獒。这头阿尔卑斯山里的猛兽，用眼睛发布着它的命令——快把你一身肉送来。要是在平时，黑獒必定会冲上去。它有肉搏的勇气，在救生活动中，曾经咬死过三头恶狼，然而现在它却退缩了。

凡蒂斯长老的眼神、挂在身上的救生袋，越来越清晰，浓郁的遇险者华生特的气味，促使它必须赶快离开雪豹。雪豹处在大雪封山的困境里，好几天捞不到食吃，肚子空空，饥肠辘辘，碰到这么一条肥狗，馋得它两眼血红。它"轰"的一声怒吼，震得小雪杉树上的积雪纷纷落下。它是想先用声音吓软对方，随即后腿向后一坐，铁棒似的豹尾呼啦一扫，跳弹而起，凌空直扑黑獒。黑獒不是一条普通的狗，凡蒂斯长老对它进行严格的训练。它脑袋前伸，肚子贴地，在雪豹快落地的一瞬间，后腿用力一蹬，"噌"地从豹肚下反蹿过去，头也不抬地拼命往前跑。雪豹落地时撞断了一棵小雪杉，翻了三个筋斗，爬起来甩掉满脸的雪花，定睛看时，早不见黑獒的踪影了。

黑獒跃过三道雪障，顺着只有它才能判断出的气味辨别方向，找到了那个业余登山家华生特。

在一丛覆盖着白雪的灌木旁丢散着风帽、雪镜、登山拐杖、食物袋、地图囊。这些物品的主人——华生特，被埋在雪里，大雪盖住了他的身子。他仰面躺着，只露一张脸。洒在脸上的雪化了，结着一层薄薄的冰壳，像蒙着一层薄薄的透明塑料纸。他嘴巴紧闭，眉毛上挂着白雪。

黑獒蹲在华生特身旁。是他，刚才闻到的衬衫上的味道也是这样的。它定下心来，自己也需要喘息。黑獒伸出血红的舌

头，发散浑身的热气，同时也期待华生特起来，像往常一样，让
遇险者取出它身上救生袋里的食物，填饱肚子，恢复体力后跟
着它回去。

黑獴缓过了气，然而华生特没有起来的意思。它绕着华生
特走了三圈，开始拱雪。华生特魁伟的身体从雪中露了出来，
直挺挺的。它咬住华生特的裤脚，使劲儿地往前拖，拉了足有
一尺距离，他还是没有半点儿反应。黑獴凑到华生特的鼻子跟
前，嗅了一阵，突然灵机一动，伸出舌头舔他的脸，一股彻骨的
冰冷从舌头尖传到心里。它舔去华生特脸上的雪，舔融脸上的
冰皮，之后缩回舌头，积聚热量。黑獴在四十次的救生活动中
遇到很多种情况，对遇险者的细微反应极为敏感。它那冰凉的
舌头在嘴里焐热了，又伸出来，紧紧地贴在华生特的脸上。它
心里很明白，只要华生特醒来，一切情况都会好转。

华生特在饥渴中倒下，在无力挣扎的情况下渐渐地失去知
觉。现在，黑獴身上的热量通过它的舌头传到他的头部，刺激
了脑神经，他恢复了知觉，渐渐地半睁开眼。黑獴觉察到这个
细微的变化，缩回了舌头，庄严地盯着华生特，就像一个救死
扶伤的医生，盯着被他从死亡线上救过来的病人一样。黑獴快
活起来了，竟用前爪扒挠他胸膛上的残雪。

华生特不能转动僵硬酸麻的脖子，也不能全部睁开眼睛，
他产生的第一个念头是——狼！一张长长的狼脸就在他眼前半
尺远的地方，他几乎闻到了狼的鼻息，也确实闻到了一般狼特
有的腥味。华生特吓得差一点儿晕过去。他知道狼的本性。有
一些猎人、采药者、探险家不是在山里被狼吃掉了吗？雪崩发
生时，他甩掉了他身上所有的包囊，只将一把锋利的匕首紧紧

地握在手中。现在面临新的险情，迫使他积攒起全身的力气，抽出被雪盖住的右臂，举起锋利的匕首，"刷"的一道寒光，刺进黑獒的胸膛……

华生特的误会，使他犯了一个终生悔恨的错误。

黑獒两眼直翻。在毫无准备的情况下，突然受到致命的一击，这是它过去救生活动中从来没有遇到过的，也是万万料想不到的。在一瞬间，它明白了眼前发生的一切，一阵剧痛使它发出一声野性的、粗犷的狂吼，在阿尔卑斯山谷里响起深沉的回声。黑獒神经质般地绕着华生特毫无目的地跳哒，滴滴鲜血染红了白雪。它懊丧、怨恨、愤怒、痛苦，四脚溅起的雪花撒在华生特那张毫无表情的脸上。

突然，它旋转身子，睁着血红的眼睛，磨动坚硬的腭，张开大嘴，露出两颗雪白尖利的大齿，扑向华生特的咽喉……然而黑獒突然停在华生特的胸膛上，闭上嘴巴，两只眼里的凶光渐渐地散去，因为它看见华生特紧闭双目晕眩过去。黑獒垂着头，它无法咬去插在胸部肌肉里的那柄匕首。这时，它突然涌起一股强烈的感情，希望赶快回到它的主人——凡蒂斯长老的身边。它头也不回地顺着来路，踉踉跄跄地向圣伯纳修道院跑去，路上滴着血……

凡蒂斯长老做完晚祷，等待着黑獒回来。突然，门外有轻微的断断续续的叩击声，好像有什么东西在抓挠。他打开了门，"扑"的一声，黑獒冲他扑过来，倒在他的脚下。地上滴着血迹，那血迹也滴在门外的雪地上，一直延伸向远处，长老惊呆了。他立即明白黑獒遭到了不幸，就蹲下去将它翻过来，拔出胸口上的匕首。这把精致的芬兰刀的柄上刻着华生特的名字。长老跌坐在地上，眼中充满了热泪。华生特他！可恶的华生特！遇险的华生特！黑獴不是去救援你吗？你怎么忍心杀害它呢？长老立即脱下圣袍，裹住黑獴，抱起它那绵软而又沉重的身子，轻轻地放到修道院圣堂的神桌上。修士们加点了十支蜡烛，在明亮的烛光下，精通医道的长老查看了黑獴的伤势，刀尖没有触着心脏，但是切断了动脉，血几乎已经流尽。长老吻过黑獴的脸，黑獴那双潮湿的眼睛定定地望着他，好像在回忆这几年来的生活，竟涌出了两滴泪珠。长老伸出戴着十字戒指的手，黑獴已经无力伸出舌头来接受主人的爱抚。它只是轻轻地移动了头，把嘴唇依在长老的手背上，吐出了它最后的几口气，渐渐地闭上了眼睛，停止了呼吸。长老的脸严肃得像个雕像。他没有抽动那只手。修士们眼看黑獴已经死去，自动排成队伍致哀。长老站了起来，站到修道士们中间，面对黑獴，带头唱起了悲壮幽怨的安魂曲。

业余登山俱乐部主任西蒙带着几个伙伴，急匆匆地走进来，第三次询问黑獴营救华生特的消息。凡蒂斯长老抓起华生特的那把还染着黑獴鲜血的匕首，狠狠地扔到来人的面前，愤怒地咆哮："你们的华生特是一条狗，我的黑獴才是人。要找你们那条狗，顺着我的黑獴的血迹去寻吧！"西蒙他们感到莫名其妙。修士们把黑獴的情况告诉了他们。西蒙领着来人到圣堂里，向黑獴脱帽致哀，然后灰溜溜地走了。

西蒙他们顺着黑獴在雪地上洒下的血迹，救出了华生特。

凡蒂斯长老决定把黑獴葬于修士墓地。四十一个被救者，包括华生特在内，自动捐献资金，为黑獴造了一个体面的坟墓，并立了一块大石碑。安葬仪式极为隆重。黑獴躺在雪杉木棺材里，身上铺满冰莲花。四十一个被救者都来送葬。凡蒂斯长老领着修士们为黑獒做了安魂弥撒，然后拉下了黑獒大墓碑上的丝帷，上面刻着"救生犬黑獒之墓"几个大字，还刻着黑獒出生和死亡的年月。它救出的四十一个遇险者的名字也刻在墓碑上。墓碑的最后部分刻着华生特的话——公元 1981 年 12 月 8 日下午 4 时，著名救生犬黑獒前往阿尔卑斯山的雪杉沐谷营救我，我在朦胧中举起了愚蠢的刀子，结束了这个辉煌的生命。让我将英国诗人拜伦的诗句献给它——你有人类的全部美德，却毫无人类的缺陷。

谁也不能施舍给你未来

付出多少，得到多少，这是一个众所周知的因果法则。也许你的投入无法立刻得到相应的回报，但不要气馁，一如既往地多付出一点。因为回报可能会在不经意间，以出人意料的方式出现。

那只是一条非常普通的围巾，可对于贫困的玛娅和她的妈妈来说，它是那么的漂亮，那么的可望而不可即。那天，玛娅望着母亲的手轻轻掠过那条围巾时，有一个声音在心底告诉她，妈妈需要那条围巾。

货主是个满脸慈祥的老人。岁月染白了他的头发和胡须，也在他脸颊上刻满了年轮的印迹。如果他穿上红色衣服，再戴顶红色的圣诞帽一定像极了传说里的圣诞老人。玛娅心想，跟这样的老人一定很好打交道。

每次走进店里，玛娅都会情不自禁地盯着那条围巾看一会儿，眼睛里闪烁着异样的光芒，像是在观摩一件珍贵的艺术品。货主老人留意到了她，和蔼地问："小姑娘，你想买下它吗？我可以便宜一点卖给你。"玛娅摇摇头窘迫地跑开了，因为她口袋里连一个硬币也没有啊！

那年的冬天越来越冷了，暴风凛冽，雪花漫天。可玛娅的妈妈仍要天天出去到地里干农活。望着妈妈肩上披着的雪花，玛娅心疼极了。要是妈妈的脖子上有条围巾，也许就不会那么冷了。

玛娅手里紧紧地攥着妈妈送给她的那串珍珠项链，在雪地里跑了很远很远的山路。听妈妈说，那串项链是妈妈的妈妈的妈妈一辈一辈传下来的宝贝，能值不少钱。但玛娅只想用它换回一条围巾给妈妈。风雪中，她不知道摔了多少跤，多少次跑掉了鞋子。

玛娅颤抖着双手把那串珍珠项链放到货主老人手里，说："我想要那条围巾，因为我妈妈实在是太需要它了。我把项链押在您这儿，等我有钱了，再把它赎回去行吗？"

"要是让你妈妈知道了你把这么贵重的项链押给我了，她会伤心的。你知道吗？"货主老人说。

玛娅急了："那您赊给我一条围巾吧，求求您了，我有钱了一定会把钱送来的。"说完，她可怜地盯着货主老人，等待他的怜悯。

货主老人轻轻地抚摩着她的脑袋，和蔼地微笑着说："爷爷知道你是个很有爱心的好姑娘。可是，这围巾我还是不能赊给你。不过我答应你，这条围巾会一直为你留着，等你凑够钱了来买走它。"

玛娅走出小铺，风暴般的忧伤充斥着她的心，眼泪一下子也就流了出来。她开始有一点恨那个货主老人。他真的是太小气了。

整个漫长的寒假,玛娅都非常忙碌。忙着在垃圾堆里找那些废塑料和旧报纸,忙着在山坡上采一些可以做药材的野草。这一切,都是瞒着妈妈干的。她努力地为得到那条围巾付出着辛勤的汗水的同时,冬天很快就过完了,可她攒的钱还是不能把它买回来。

第二年春天,上初一的玛娅意外地收到了一个包裹。里面是那条让她魂牵梦萦的美丽的围巾,还有一封信。信是货主老人的孙女写来的,她在信里说:"寄这条围巾和写这封信给你是我爷爷临终前的遗愿、爷爷说他不是不想赊给你一条围巾。他只是想让你明白,要想得到自己想得到的东西和理想,要想改变自己贫穷的命运,应该靠自己的双手,而不是靠别人廉价的怜恤或者施舍。爷爷说希望你能原谅他的无情。"

看完信,玛娅潸然泪下。她终于明白,其实谁也不能施舍给我们未来,除了自己。

腊 梅

叶：拽紧我一些吧，我要掉了。

树：孩子，不要怕，下面也是妈妈的土地。

叶：为什么要有秋天呢？

树：因为有春天。这就是生活的怀抱。

弯下腰，只为换取一个昂头的机会

> 总会遇到挫折，会有低潮，会有不被人理解的时候，会有要低声下气的时候，这些时候恰恰是人生最关键的时候。在这样的时刻，我们需要耐心等待，满怀信心地去等待，相信，生活不会放弃你，命运不会抛弃你。如果耐不住寂寞，你就看不到繁华。

他是一家上市公司的老总，腰缠万贯。他很久没有坐公共汽车了，有一天，他突发奇想，想体验一下普通百姓的生活。他投了一枚硬币，找到一个靠窗边的座位坐了下来。他好奇地打量着身边的人，他的前面是个怀孕的妇女，他的身后是个上了年纪的老人，这些普普通通的人，每天挤着公共汽车，日子虽然过得清苦，但依然很快乐。

他的对面有一个很漂亮的女人，他可以近距离地欣赏。车子到了下一站，上来的人渐渐多了，美女就渐渐被人遮住了。他看不到她，就闭上了眼睛，回味着那女人的曼妙风情。

忽然，有个尖利的声音向他砸来："你就不能给让个座啊？一个大男人一点都不绅士！"他睁开眼睛，看到一个妇女抱着一个婴儿，站在他前面。而那个发出尖利声音的女人继续对着发愣的他吼道："瞅什么瞅，说你呢！"全车的人都朝他这里望过来，他的脸刷地一下霞光万丈。他赶紧站了起来，把座位让给了那个抱孩子的妇女。在下一站，他狼狈地逃下了车，他万万没有想到自己会出这么大的丑，下车前，他狠狠地看了一眼那个牙尖嘴利的丑女孩，恨得直咬牙根。

他的公司要招聘新员工，在面试的时候，他亲自进行把关。他见到了一个面熟的人——是她，那个让他出丑的女孩。不是冤家不聚头，他在心里暗暗得意，终于有报复她的机会了。

女孩也认出了他，神情顿时紧张起来，额头上沁出了汗水。

"你把我们每个人的皮鞋都擦一遍，你就可以被录用了。"他对她说。她站在那里，犹豫了很久，家里的经济已经全线告急，她太需要这份工作了。尽管自己有高学历，也有能力，但因为长得丑，很多公司都将她拒之门外。现在，机会就摆在她的面前，只要她放下自尊，为他们擦一次皮鞋。可是，她又怎么可以用自己的尊严去交换啊？

他在心里断定这个倔强的女孩是不会屈尊的，继续挑衅一般地催促着她，没想到她竟然同意了。她拿来鞋刷子，蹲下来，开始替这些考官们擦鞋。他得意地想，你不是厉害吗？怎么没动静了。轮到他了，他还故意翘起二郎腿。

忽然，他觉得自己有些过分了，女孩在车上虽然伤害了他，但本质上却是为了做好事，有点侠义风范呢。他向下属要来她的档案，她的笔试成绩第一，遥遥领先于后面的人。从各方面来看，女孩都是出色的。再说，自己也总不能在众人面前食言吧。

于是，在她给几个考官擦完鞋子后，他当众宣布，她被录用了。

她并没有显得过于兴奋，只是微微地向众考官们道了声谢谢。然后一字一顿地对他说："算上您，我一共擦了5双鞋子，按当下的市场价，每双2元钱，请您付给我10元钱。然后，我才可以来上班。"

他无论如何也没有想到女孩会这样说，但他的宣布决定无法再更改。他只好很不情愿地给了她10元钱。更让他意想不到的是，女孩拿着10元钱，走到公司门口一个捡垃圾的老人身边，把10元钱送给了老人。

有一些灵魂注定是高贵的，不管命运将它拿捏得如何卑微。就像这个女孩，虽然她的尊严受到了伤害，但她却给它找到了一个高贵的出口。

从此，他对这个丑女孩刮目相看。事实上，女孩在日后的工作中，确实表现得非常地出色：思路开阔、执行力强、业绩出众，替他完成了许多看似无法完成的任务。

有一天，他终于忍不住问她："当初我那样为难你，难道你的心中没有怨念？"

女孩子却答非所问："我弯下腰，只为了换取一个可以昂起头的机会。"

当我决定放弃我的人生时

心是一扇无形的窗，窗户紧锁，内部就会黑暗如夜，外界的一切也便黯然失色。其实，只要把窗户打开，阳光自然会进来的。只要敞开心扉，生活自然会充满阳光的。当明媚的阳光抚摸你的心时，你会有一种异样的感觉，那就是阳光心态。拥有它，你将拥有超然豁达的人生；拥有它，你就不会在苦闷失落中迷失自己；拥有它，你就不会在色彩缤纷的社会中失去方向；拥有它，你会拥有阳光般的笑容……

一天，我决定放弃我的人生。为此，我到森林里，与上帝做最后一次交谈。

"上帝，你能给我一个让我不放弃的理由吗？"我问。

他的回答令我大吃一惊："你看看四周，看到那些山蕨和竹子吗？我播了山蕨和竹子的种子后，给它们光照和水分。山蕨很快就从地面长了出来，茂密的绿叶覆盖了地面。然而，竹子却什么也没有长出来。

"第二年，山蕨长得更加茂密。竹子的种子仍然没有长出任何东西。两年过去了，竹子的种子还是没有发芽。

"然而，到了第五年，地面上冒出了一个细小的萌芽。与山蕨对比，它小到微不足道。但是，仅在 6 个月之后，竹子就长到

100 英尺高了。它花了 5 年时间来长根，竹子的根给了它生存所需的一切。"

上帝对我说："孩子，你这段时间所做的挣扎，实际上就是你长根的时候。不要拿自己与别人对比。现在，你的时机到来了。"

我离开了森林，带回来了这个故事。千万不要后悔你人生中的哪一天，好日子带给你幸福，坏日子带给你经验，两者都是人生必不可少的。幸福让你甜蜜，考验让你强大，失败让你谦虚，成功让你闪光。

你的一生，总有适合自己的种子

不要指望，麻雀会飞得很高。高处的天空，那是鹰的领地。麻雀如果摆正了自己
的位置，它照样会过得很幸福！

十几年前有一名学习不错的女孩，由于没考上大学，被安排在本村的小学教书。由于讲不清数学题，不到一周就被学生们轰下了讲台。母亲为她擦眼泪，安慰她说，满肚子的东西，有人倒得出来，有人倒不出来，没有必要为这个伤心，也许有更适合你的事等着你去做。

后来，女孩外出打工。先后做过纺织工、市场管理员、会计，但都半途而废。然而，当女孩每次沮丧地回来，母亲总安慰她，从没抱怨。三十岁时，女孩凭一点语言天赋，做了聋哑学校的辅导员。后来，她又开办了一家残障学校。再后来，她在许多城市开办了残障人用品连锁店，这时的她，已是一位拥有几千万资产的老板了。

一天，女孩问母亲，前些年她连连失败，自己都觉得前途渺茫的时候，是什么原因让母亲对自己有信心？

母亲的回答朴素而简单。她说，一块地，不适合种麦子，可

以试试种豆子；如果豆子也长不好的话，可以种瓜果；如果瓜果也不济的话，撒上一些荞麦种子一定能够开花。因为一块地，总会有一种种子适合它，也终会有属于它的一片收成。

一块地，总会有一种种子适合它。每个人，在努力而未成功之前，都是在寻找属于自己的种子。我们就如同一块块土地，肥沃也好，贫瘠也好，总会有属于这块土地的种子。你不能期望沙漠中有绽放的百合，你也不能奢求水塘里有孑然的绿竹，但你可以在黑土地上播种五谷，在泥沼里撒下莲子，只要你有信心，等待你的，将会是稻色灿灿、莲香幽幽。

对于还在寻找种子的人们，道路是漫长而又艰辛的。也许前途渺茫，也许挫折重重，但只要你坚信自己有能力，并且有毅力，那么你必定会在某一时刻、某一地点找到属于自己的种子。它或许会躲在崖缝里，或许会藏在深山中，但你一旦找到它，它便会给你带来好收成。因为，这种子是为你而生、为你而长，而寻找的过程，告诉你要珍惜。

昨天的痛已经承受过了，
还有必要反复兑现吗

坚强的人，并不是能应对一切，而是能忽视所有的伤害。

与其热闹着引人夺目，步步紧逼，不如趋向做一个人群之中真实自然的人，不张扬，不虚饰，随时保持退后的位置。心有所定，只是专注做事。

美国有一个老妇人，她丈夫在她 54 岁那年去世。丧夫之痛尚未消散，接二连三的打击便来了：首先是子女为遗产问题闹得不可开交，接着是丈夫生前的加油站宣告破产，她为了抵偿债务，不得不卖掉房子以及各种值钱的东西。寂寞、贫穷、疾病以及由此而来的种种不幸，使她感到余生可怕。

她整天郁郁寡欢。她在心里一遍一遍地念叨着：我才 54 岁，我才 54 岁啊！谁都清楚她是在为自己的未来担心。因为按照常识，她尚且还要在人世生存二三十载。如果承蒙上帝眷顾这二三十载没有贫穷和疾病，那伴随她的一定是日胜一日的寂寞；如果没有寂寞和贫穷，那一定有病痛；如果没有病痛和寂寞，那一定有贫穷。总之不幸有千万种，总有一种会伴随她。何况，贫穷和寂寞显然已经来叩她的门了。她想她应该找个工作。但是当这个念头冒出来的时候，她被自己吓了一跳：谁会雇佣一个老妇人？即使有人愿意扔这个钱，一个 54 岁的老妇人到底能做什么呢？即使她能做点简单的苦工，但谁会相信这个？即使有人愿意相信，给她提供做工的机会，她能在 8 小时内有足够的精力吗？

她担心别人嫌她老，担心别人嫌她动作缓慢，担心自己承受不了别人要求的工作强度……她每天都有 100 个担心。这让她更怀念过去丈夫还在的岁月……由怀念到悲痛，她得了病，进了医院。

医师了解了她的情况后，对她说："你的病情很严重，需要住院，但你又没钱……我看这样吧，从现在开始，你到本院做零工，以赚取你的医疗费用。"

她说："可我能做什么呢？"

医师说："没多难，你每天打扫 100 个病房吧！"

手握扫把她的心里没有多少急躁：反正没有比这更坏的了，而且就目前的情况来说，自己也别无他法。从此，她开始忙碌了。

她每踏进一间病房，她就目睹了一次他人的灾难，她的心里也就豁然开朗，因为她是最好的——她毕竟还有活干，虽然微不足道，但是却能证明她的健康状况是最好的。

她的心每天豁然 100 次。这 100 次豁然足以驱散每天在心里萦绕的 100 个担心。

渐渐地，她不再担心什么了，因为她实在太忙碌。对她来讲，担心反倒成了一种奢侈的情绪，因为她需要闲暇。这样，她的心便豁然一片了。

驱除了疾病和寂寞，似乎只剩下贫穷了。但贫穷也很快离她而去。她留在医院当清洁工，干了三年，对病人的心理已经了如指掌，于是医院聘请她当心理咨询师。

她76岁时已经有了这个医院51%的股份了。在她的办公室的墙上有这么一句话：昨天的痛已经承受过了，还有必要反复兑现吗？明天的痛，尚未到来，有必要提前结算吗？

一个优秀的狙击手为击中目标，一定会全神贯注于这一枪该怎么打，既不会为上一枪的脱靶而沮丧，也不会为下一枪是否能击中十环而忧虑，只会全身心地让眼前的准星和目标连成一线，只会让当下的呼吸和心跳都在自己的掌控之下。

真正的生命高手在生活中也会像一个狙击手，既不会为昨天而烦恼，也不会为明天而焦虑。而只会让自己在当下变得满足而快乐，只会全身心做好眼前的工作，并和目标连成一线。

从某种意义上说，生命的艺术就是活好当下的艺术。

撒播一颗希望的种子

心情沮丧时，要经常问自己，你有什么而不是没有什么。如果你觉得不爽，你就抬眼望窗外，世界很大，风景很美，机会很多，人生很短，不要蜷缩在一小块阴影里。如果你的生活已处于低谷，那就，大胆走，因为无论你怎样走，都是在向上。

曾经有这样一个故事。

很久以前，有两个靠弹琴卖艺维持生活的盲人，他们一老一小相依为命。日复一日，年复一年，小盲人日渐对这样无趣的生活感到痛苦，就想，这样的日子何时是个尽头呀，哪怕只有一天能看到光明也好。他把自己的想法告诉了师傅，老盲人没有说话，沉默了。

日子一天又一天地过去了。终于有一天，老盲人因为支撑不住病倒了。他自知不久将离开人世，便把小盲人叫到床边，紧紧拉着小盲人的手，吃力地说："孩子，我这里有个秘方，这个秘方可以使你重见光明。我把它藏在琴里面了，但你千万要记住，你必须在弹断第一千根琴弦的时候才能把它取出来。否则，这个秘方就不能起到作用。"小盲人流着眼泪答应了师傅。老盲人含笑逝去了。

　　小盲人将师傅的遗嘱铭记在心，不停地弹呀弹，每弹断一根弦，他就将弹断的琴弦收藏起来。断的琴弦一根接着一根，由原先的寥寥可数到堆满小盲人的房间。日子就这样水一般地流过。小盲人已由青涩的少年变成一位饱经沧桑的老者，已由初会弹琴的学徒变成了名扬天下的琴师。终于，他弹断了第一千根琴弦。他按捺不住内心的喜悦，双手颤抖着，慢慢地打开琴盒，取出秘方。

　　然而，别人告诉他，那是一张白纸，上面什么都没有。

　　怔愣了半天，泪水滴落在那张白纸上，小盲人笑了，他突然明白了师傅的用心。虽然是一张白纸，但是当他经历了从小到老弹断了一千根琴弦后，却悟到了这无字秘方的真谛：在希望中活着，才会看到光明。

　　人，心中一定要充满希望。老盲人的无字秘方就像一粒种子，种在了小盲人的心里，让他从青年支撑到老年。只要我们心中还有希望，只要我们心中还有一颗希望的种子，就能支撑着我们度过形形色色的痛苦。

　　人生不能没有希望，所有的人都是生活在希望当中的，有了希望，就有了尝试的勇气，有了勇气，就有了成功的可能。

　　当然，每个人都有对现实失望的时候，特别是我们身处逆境，或者遭遇失败的时候，就连那些成功的人，同样也不例外。就像他，曾经也有过一段失望的岁月。

　　21岁，人生中充满梦想的年龄，一个偶然的原因，他的双腿瘫痪了，后来又患肾病并发展到尿毒症，需要靠透析维持生命，梦想随之变得支离破碎。就像他自己说的："除去给人家画彩蛋，我想我还应该再干点别的事。"可是，他实在不知道自己应该做什么，于是他只好摇着轮椅，每天到公园里去报到，如同别人上班一样准时，园子无人看管，上下班时间有些抄近路的人们从园中穿过，园子里活跃一阵，过后便沉寂下来，留给他的，依旧是满心的失落。

在那段时间里，生活对于他来说是无尽的折磨，他痛苦，悲愤也不甘，拒绝所有人善意的关心，也包括日日为他担心的母亲。他一个人坐着轮椅，躲在冬日的公园里，远远地听着人们的欢闹，看着母亲一遍一遍地在公园里找寻他的身影。

枯燥的日子终于让他决定做点什么了，写作吧。

也许是因为遭遇过别人无法体会的绝境，他的作品充满了悲凉和思考以及浓重的哲理意味。追问着生命的终极意义，如同日暮山路的残雪，如同冬日里悲鸣的杜鹃。

后来，他的确成为了知名作家，可是担心他的母亲却离开了人世。

他就是史铁生。

悲伤的时候，我们总觉得自己一无所有，其实，我们还有梦想，还可以坚持，就像故事中的小盲人一样，总会弹奏出生命最华美的乐章。就像史铁生一样，总会写出最有生命质感的文章。

不能流泪，就选择微笑

许多人想行云流水过此一生，却总是风波四起，劲浪不止。平和之人，纵是经历沧海桑田也会安然无恙。敏感之人，遭遇一点风声也会千疮百孔。命运给每个人同等的安排，而选择如何经营自己的生活、酿造自己的情感，则在于自己的心性。

贝蒂不同于正常人，因为她一个人单独生活在美国一座山丘上的一间特殊的房子里。这座房子是完全用自然物质搭建而成的，里面不含任何的有毒物质，里面的空气都是人工灌注氧气，贝蒂生活在其中，只能靠传真与外界进行联络。为何贝蒂会这样生活呢？

在二十年前的一天，贝蒂在拿起家中的杀虫剂灭蚜虫的时候，突然感到全身一阵痉挛。她原以为那只是暂时的症状，却不曾料到杀虫剂内的化学物质破坏了她全身的免疫系统。从此，她就对一切有气味的东西比如香水、洗发水等过敏，连空气也可能会导致她患上支气管炎。这是一种多重化学物质过敏症，是一种慢性病，目前国际上是无药可医的。

在患病的前几年中，贝蒂睡觉时时常流口水，尿液也渐渐地变成了绿色，身上的汗水与其他排泄物还会不断地刺激她的背部，最终形成疤痕。在那段时光，贝蒂所承受的痛苦是常人所难以想象的。但是，为了继续生存下去，她的丈夫以钢与玻璃为材料，为她盖了一个无毒的空间，一个足以逃避所有外界有味物质威胁的"世外桃源"。贝蒂日常所有吃的、喝的要经过仔细的选择与处理，她平时只能喝蒸馏水，并且吃的食物中也不能含有任何的化学成分。

在那个"世外桃源"中生活了 8 年，她再没有见过一棵花草，再没听到过悠扬的声音，更感觉不到阳光、流水。她只能躲在无任何饰物的小屋里，饱受孤独之苦。她还不能放声地大哭，因为她的眼泪也同她的汗水一样，随时都有可能成为威胁到她的毒素。

"不能痛哭，那就选择微笑吧！"坚强的贝蒂这样对自己说。事已至此，自暴自弃和痛苦只能毁灭自己的，生活在这个寂静的无毒世界里，贝蒂却感到很充实。因为她不仅要与自己的精神抗争，还要与外界的一切有气味的物质相抗争。因为她不能流泪，她就选择了微笑。

十年后，贝蒂在孤独中创立了"环境接触研究网"，主要致力于化学物质过敏症病变的研究。随后，她又与另一个组织合作，另创"化学伤害资讯网"，主要是倡导人们避免威胁。目前，这一家资讯网已经有 5000 多名来自 30 多个国家的会员，不仅每月都发行刊物，而且还得到美国国会、欧盟及联合国的大力支持。

不能流泪就选择微笑，看似是贝蒂无奈的表白，实则是她在历经磨难后的坦然。

雪莲花

羊要到山顶去吃草，

它往山上爬，爬呀爬呀，羊累了。

羊说："我不怕累，山有多高我爬多高！"

羊又爬呀爬呀，羊很累了，

羊说："我不怕累，山有多高我爬多高！"

羊接着爬呀爬呀，羊非常累了，

羊说："我不怕累，山有多高我爬多高！"

羊终其一生来爬这座山，

它一心只想着山顶芳美的鲜草，

却忽略了在途中，

也有一片片鲜草，

而它视而不见。

当羊终于爬上了山顶，

它看到了它的归宿：

山顶，原来并没有草。

下一个 7 年，你打算如何度过

失败后，别忙着找理由，就算找出千万个，也于事无补；困难前，先试着想办法，哪怕只找到一个，就能解决问题。再绝望的处境，只要你不灰心，不丧气，不失胆，矢志不移地前行，你总会迎来光明。只要你不放弃，你脚下的路就在延伸；只要你不抗拒，你会在岁月的长河里慢慢地洗涤并渐渐澄清。

一时心血来潮报了个口译班，其中有一位老师大概 30 岁，长得很漂亮，打扮也很时尚，口译功夫了得，每次都来去匆匆，中午就花 5 分钟的时间泡一碗面吃。后来才知道，她大学学的是历史，她的本职工作是一家公司的公关部经理，儿子已经 5 岁，她每天要上班、做家务、带孩子。与我们不同的是，她拥有人事部二级口译证书，每个月都有天南海北的会议翻译任务，还兼任这家口译中心的导师。

打开她的博客，已经更新了 500 多页，有 2000 多个帖子，全部都是每天她自己做口译练习的文章，平均每天两篇长的一篇短的，她坚持做这件事已经快 10 年了，非专业出身的她因为爱好英语而一直努力。

我对她表示钦佩，她说，10 年前，她曾经看到一份调查报告，一个人如果要掌握一项技能，成为专家，需要不间断地练习 10000 个小时。当时她算了一笔账，如果每天练习 5 个小时，每年 300 天的话，那么需要 7 年的时间，一个人才能掌握这项技能。

她说，幸运的是，我知道自己想掌握什么技能，我只需要立马投入干起来就行了，我没有 5 个小时的时间，我每天只能学习 3 个小时，现在已经快 10 年了，我觉得自己差不多已经掌握了这个技能。六六在微博中也提到过这个理论，她说自己就是经过 7 年的努力写作，才成为一名作家，披头士乐队在成名前已经举办过 1200 场音乐会，比尔·盖茨在发家之前已经做了 7 年的程序员。

为什么你做了 10 年公务员还只是一名小职员？为什么在家里做了 7 年的饭，没变成特级大厨，反而发现婚姻产生了 7 年之痒呢？

那是因为，你没有投入精力和热情来练习一项技能。每天上班只是看报纸上网应付各种琐碎任务，大家干嘛你干嘛，每天做饭只是为了让家庭正常运转，并不是用专业的眼光看待这件事。

不要再哀叹大学毕业之后专业就丢了，如果从初中开始算起，12 年的学校教育，就算每天学习一门技能 2 小时，一年 300 天，你也只有 7200 小时，还有 2800 小时的缺口，就算你毕业后每天坚持练习 1 小时，你需要 10 年。

为什么理工科的人更容易成功？只要他们毕业后专业对口，还是做的那点事，那么他们就等于 1 天 8 小时都在练习，这 2800 小时，只需要 1 年多就填补了。可我们很多人，尤其是女人，工作的内容并不是在练习技能，每天应对的大部分是琐碎的人和事，实际上，是在荒废。

也许你会说，我是平凡人，我不想成为什么人，只想安安分分过日子。那只是你的错觉，时间在流逝，你每天重复重复再重复的那些行为，就是在塑造你，你不想成为什么人，可是你注定会成为什么人。

每天 5 个小时，如果你是用来看韩剧、网页、聊天，那么 7 年后，你会变成一个生活的旁观者，你最擅长的就是如数家珍地说起别人的成功和失败，自己身上找不到任何可说的东西。

花 1 分钟想一想，曾经最想做的事情是什么，然后每天去做这件事，7 年后，你会发现你已经可以靠做这件事出去混饭吃了。

哪怕你喜欢逛街呢，你规定自己每天逛街 3 小时试试？可能一开始你觉得很高兴，每天如此，你会发现很无聊，再坚持下去，你就开始琢磨了，我逛街还能发现点什么，还能搞出点什么花样？坚持下去，7 年之后，你可能会成为时尚达人、形象设计专家、街拍摄影师、服装买手……

生命中的下一个 7 年，下一个 10000 小时，你打算怎样度过？

坐在阳光下，给心灵洗个澡

真正的平静，不是避开车马喧嚣，而是在心中修篱种菊。尽管如流往事，每一天都涛声依旧，只要我们消除执念，便寂静安然。如果可以，请让我预支一段如莲的时光，哪怕将来有一天加倍偿还。这个雨季会在何时停歇，无从知晓。但我却能感受到生命的意义。

乔治是一家大型广告公司的业务经理。在一次偶然的邂逅中，他学会了一种"坐在阳光下"的生活艺术，这是他第一次在繁忙的生活和工作中找到了宁静的感觉。看看他的这一段宝贵的经验吧：

在一个三月的早上，我正匆匆忙忙地走在去纽约一家旅馆的路上，左手提着笔记本电脑，右手抱着厚厚的一叠急需处理的文件。其实，我是来纽约度假的，但是我仍旧无法逃离我的工作。

我快步走入我的临时办公室中，准备花几个小时来处理我的这些文件。我的好搭档坐在摇椅上面，用帽子盖住他的眼睛，将我叫住，用缓慢而愉悦的腔调对我说："你要干什么去啊，乔治，这这么美好的阳光之下，你那样赶来赶去是不行的。过来坐在这里，好好地在摇椅上面享受一番吧，这可是我最近发明的一项减压术。"

这话听得我一头雾水，就问道："与你一起练习这一项最为伟大的艺术吗？"

"对的，"他答道，"这是一项已经被当代人所淘汰的伟大的艺术。现在已经很少有人知道怎么去享受这项艺术了。"

"噢，"我问道："那你赶快告诉我是什么，我没有看到你在练习什么艺术啊！"

"有噢！我现在正在练习啊！这项艺术就是'只是静坐在阳光下的艺术'。静坐在这里，让阳光洒在你的脸上，感觉很温暖，阳光的味道闻起来也很舒服。你会觉得你的内心无比的惬意和平静，一会儿，阳光照在心里，心灵像被洗了澡一样舒畅！"他兴奋地说道。

"太阳从来不会匆匆忙忙，不会太过兴奋，只是缓慢地恪尽职守，也不会发出什么嘈杂的声音，不会按动任何按钮，不接任何电话，不摇任何铃，只是一直把阳光洒下，而太阳在一刹那间，做的工作比你一辈子做的事情还要多得多。想想看，它做了什么，它能使花儿开放，能使树木长大，能使大地变暖，使果蔬旺，使五谷熟；它还蒸发了水，然后再让它回到地球上来，最重要的是，它能够让内心回归'平静'，这是阳光给我们的最大的赏赐！"

"果真如此吗？"我睁大了眼睛看着他。

"好吧，从现在开始，你赶快把你要处理的那些文件扔到角落中去，"他说道，"跟我一起到这里来好好享受一番吧！"

　　于是，我就照做了，内心平静至极。当我再次回到房间处理那些文件的时候，我几乎一下子就完成了全部的工作，这使我有大部分的时间来好好地度假，可以完全享受"坐在阳光下"来彻底地放松自己。

　　坐在阳光下，给心灵洗个澡，可以让我们真正地感受到生命的意义。无可否认，保持内心的平静是缓解压力的一个最为重要的方法。为此，当我们工作了一段时间之后，不妨也学习一下这种"坐在阳光下"的放松艺术，为自己的心灵腾出一个极为安静的空间，让自己体验一下轻松闲适的生活。

人生真正需要什么

人说，背上行囊，就是过客；放下包袱，就找到了故乡。其实每个人都明白，人生没有绝对的安稳，既然我们都是过客，就该携一颗从容淡泊的心，走过山重水复的流年，笑看风尘起落的人间。

利奥·罗斯顿是最肥胖的好莱坞明星，他的腰围有 6 英尺多，体重达到了 385 磅。1936 年，在一次演出时，他因为心力衰竭，而被送往汤普森急救中心。抢救人员用了最好的药物，而且还动用了最先进的医疗设备，最终，仍旧没能够挽回他的生命。

在临终之前，罗斯顿曾经这样说道："你的身躯如果庞大，但是你的生命需要的也仅仅是一颗心脏。"

罗斯顿的这句话，感动了当时所有的人，尤其是当时的医院院长——哈登。他作为胸外科的专家，流下了伤心的眼泪。为了表达对罗斯顿的敬意，同时也为了提醒体重超常的人，他就将罗斯顿的这句话刻在了医院的大楼上面。

1983 年，另一位名人，美国著名的石油大亨默尔因为心力衰竭住了进来。因为两伊战争，使他的公司陷入了危机之中。

为了尽快地摆脱困境，他不得不忙碌地来往于欧亚美之间，最后因为旧病复发，才住进了医院。

他将汤普森医院的一层楼包下来，为了不影响工作，他还架设了五部电话与两部传真机。当时的《泰晤士报》上这样写道：汤普森——美国的石油中心。

默尔的心脏手术很是成功，他在这儿待了一个月便出院了。在医院疗养期间，他真切地体会到自己真正需要的是什么，他觉得自己的一生确实太过忙碌和劳累，已经失去了其本有的色彩。出院后，他没有回美国，托人卖掉了自己悉心经营的公司，并且在苏格兰乡下的一栋别墅中开始安享晚年。在 1998 年，汤普森医院百年庆典，邀请他参加。记者问默尔为何卖掉自己的公司？他指了指医院大楼上的那一行金字说道："正如利奥·罗斯顿的话一样，其实，富裕和肥胖没什么两样，都不过是获得了超过自己所需要的东西罢了。"

人生真正需要的是什么？是过多的金钱和物质吗？即便你拥有了全世界，无非也就是一日三餐，夜寐一床。就算你有多么豪华的房屋，买回来很多好吃的，到头来也是睡一张床，吃三顿餐。就算你每次可以点上一百道菜，你又能吃多少呢？最多能撑饱一个胃，难道不是么？

假如生命剩下一天，你会干什么

> 人的一生只有在结束的时候，才找得到真正的归宿，在这世上的其余时间里，充当的永远都是过客。

一位事业成功的企业家每天都要承担巨大的工作量，没有一个人可以为他分担公司的业务。在每天繁重、忙碌的工作之余，他还提着一个沉重的手提包回家，包里装的全部是必须由他亲自处理的急件。

整日紧张劳累的工作，使这位企业家身心疲惫，身体每况愈下，不得不到医院去进行诊疗。对此，医生给他开了一个处方：每天散步两个小时；每个星期都要抽出半天的时间到郊外的墓地去一趟。

这位企业家对此很是不解，说道："为什么要在墓地待上半天呢？这与我的身体健康有什么关系吗？"

"因为……"医生不慌不忙地回答道，"我只是希望你能够四处地走一走，瞧一瞧那些与世长辞的人的墓碑。身处墓地时，你可以仔细地思考一下，他们生前也与你一样，认为自己能扛得住全世界的事情，如今他们全部都长眠于黄土之中。也许将来有一天你也会加入他们的行列之中。然而，整个地球的运动还是永恒不断地进行着，而其他世人则仍是与你一样继续地为工作，为生活忙碌着，丝毫不会因为谁而改变什么。整个世界年年月月就这么不断地循环着，永无止境！"

企业家终于悟到了其中的道理，生活的意义不在于紧张、忙碌，而应当学会适当的放松，让心灵有所解脱。唯有如此，生活才能过得更有意义、更加美好。

从医院回来后，企业家就放慢了一向匆忙的脚步。只要上班时间一过，他就会及时地放下沉重的手提包。晚饭后，他就会携同妻儿一同到户外去散步，并且还按照医生的叮嘱，抽出一些时间去墓地冥思。当他平静地投身于这一切时，他就能真切地感受到仿佛有人在静静地聆听他诉说那不堪负重的压力一般，安慰他那压抑的心灵。从前那种累累重压的苦闷也被驱除了，这种轻松的心态也使得这位企业家在事业上平步青云，在生活中乐观开怀，活得滋润极了。

所以，在百忙之中的你，是否想过适当地停下来，给自己的心灵放个假，让它充分享受放松所带来的愉悦感呢！别总以为将心装得满满的就是一种莫大的充实，其实卸下心灵的负荷是一种莫大的幸福。

后 记

本书从不同的角度入手，记录了不一样的心灵故事。亲爱的读者，当你阅读本书时，如果发掘出了心灵最深处的那份感动，也希望您能将这份感动带给更多的朋友。

本书的选文遵照的准则为：以浅显朴素的语言传达人间真情；以至深的感情诉说五彩人生；在每一个角落把真情的火炬点燃；让每一缕清香在尘世间流传；让真情在心灵的碰撞中凝固成甘泉，去慰藉和滋润受伤的心灵，让读者能从中收获到一份心灵的感动与营养。

许多人一口气读完本书，而且收效不错，但我们还是建议读者放慢速度，花点时间，慢慢品味每个故事——就像饮用一杯陈年老酒——细细啜饮，思索每个故事所蕴含的生活意义，如果慢慢用心去读，您会发现每个故事回味无穷，都能从不同方面滋养您的心灵、头脑和灵魂。

由于时间仓促，我们无法与本书内文的作者一一取得联系，在此谨致深深的歉意。敬请原作者见到本书后，能及时与我们取得联系，以便我们按照国家有关规定支付稿酬和样书，联系邮箱nuanxinzhizuo@163.com。书中有不足之处，愿广大读者提出宝贵的意见和建议，以便我们再版时得以修正和完善。